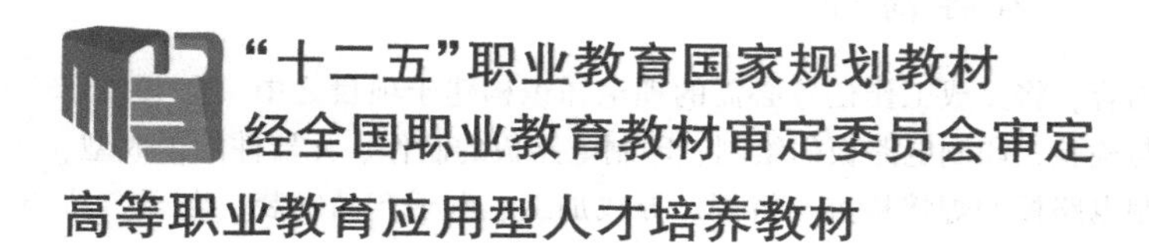

电子产品生产与管理

（第2版）

郑发泰　主编

张培忠　翁正国　副主编

電子工業出版社

Publishing House of Electronics Industry

北京·BEIJING

内 容 简 介

本书以工作任务为逻辑主线来组织内容，将完成工作任务必需的理论知识构建于项目之中。全书共分为五个项目，内容覆盖了元器件的认识与检验、印制电路板的绘制、印制电路板的制作、元器件的预成型、电烙铁的使用、印制电路板的组装、印制电路板的焊接检查与拆焊、导线加工、电子产品安装、电子产品技术文件的编写等。

本书配套的教学网站不仅具有常规教学平台的功能，还结合了企业专家的建议，拓展了教学内容，从而构建为一个服务平台，融入了电子产品特色，具有生产工艺、产品目录、生产设备、企业名录等资源，供从事本岗位工作人员进行查询，为他们在从事岗位工作中提供服务。

本书适用于高职高专院校电子信息类专业的教学，也可供从事电子行业的工程技术人员参考，与书配套的电子课件、课程网站可供教师在教学中使用，也可供学生复习或自学使用。

图书在版编目（CIP）数据

电子产品生产与管理/郑发泰主编．—2 版．—北京：电子工业出版社，2016.8
ISBN 978-7-121-29433-4

Ⅰ．①电…　Ⅱ．①郑…　Ⅲ．①电子产品-生产工艺-高等职业教育-教材　②电子产品-生产管理-高等职业教育-教材　Ⅳ．①TN05

中国版本图书馆 CIP 数据核字（2016）第 167922 号

策划编辑：王昭松
责任编辑：王昭松
印　　刷：北京七彩京通数码快印有限公司
装　　订：北京七彩京通数码快印有限公司
出版发行：电子工业出版社
　　　　　北京市海淀区万寿路 173 信箱　邮编 100036
开　　本：787×1092　1/16　印张：12　字数：307.2 千字
版　　次：2011 年 5 月第 1 版
　　　　　2016 年 8 月第 2 版
印　　次：2024 年 9 月第 8 次印刷
定　　价：40.00 元

凡所购买电子工业出版社图书有缺损问题，请向购买书店调换。若书店售缺，请与本社发行部联系，联系及邮购电话：（010）88254888，88258888。

质量投诉请发邮件至 zlts@phei.com.cn，盗版侵权举报请发邮件至 dbqq@phei.com.cn。

本书咨询联系方式：（010）88254015　wangzs@phei.com.cn　QQ：83169290。

第 2 版前言

“电子产品生产与管理”是职业院校电子信息类专业的重要课程之一。通过该课程的学习与实践，掌握常用元器件的识读，认知电子产品在生产过程中常用的工具、设备的使用与注意事项，掌握电子产品的生产制作工艺过程，了解电子产品生产标准，合理编写产品生产技术文件，并在生产实践中提高工艺管理、质量控制能力，为今后的学习和工作打下良好的基础。

本书的第 1 版在 2011 年出版之后，得到了兄弟院校的选用和读者的赞赏，使编者备受鼓舞。此后在教学实践中，随着电子产品的生产设备、新材料、新工艺的不断出现，以及专业面貌发生了重大变化，编者不断对第 1 版进行修正和补充，精益求精，与时俱进。特别是在 2014 年，本书有幸获评成为“十二五”职业教育国家规划教材，为了使本书更好地适应教学，编者对第 1 版作了全面的审读，改正了发现的错误、含混不清，以及不确切的地方，最后完成了第 2 版。

第 2 版依据高职院校学生知识体系和能力内涵培养要求，注重培养学生掌握必备的基本理论、专门知识和实际工程的基本技能，把握理论以够用为度，知识、技能和方法以理解、掌握、初步运用为度的编写原则。全书内容覆盖了元器件的认知与检验、印制电路板的绘制、印制电路板的制作、元器件的预成型、电烙铁的使用、印制电路板的组装、印制电路板的焊接检查与拆焊、导线加工、电子产品安装及电子产品技术文件的编写，并把生产流水线的知识及新型电子工艺知识穿插其中，培养学生在电子工艺与质量管理方面的基本技能。

与第 1 版内容相比较，第 2 版删除了第 1 版的项目 2（认识与使用材料、工具及设备）中的部分内容，项目 4（电子产品的安装工艺）中的部分内容，而在其余各项目中增补了一些有益于读者的题材内容，例如，介绍现代电子产品整机装配专用设备，电子产品零部件装配工艺要求，电子产品安装准备工艺，细化了 ISO 14000 系列环境标准，增强学生环境保护意识，等等。虽然删除了一些内容，但书的篇幅却有所增加。

可以说，第 2 版更好地遵从了教学原则，重视学生知识、能力和素质的综合培养。内容更加先进新颖，突出工程实用，由浅入深，深入浅出，启发学生。本书的参考教学时间为 48 学时。本书具有配套的课程网站，网址为 http://jpkc.zjbti.net.cn/dzcpscygl/index.asp。

参加编写本书的老师有：浙江工商职业技术学院郑发泰、张培忠、翁正国，浙江康盛股份有限公司技术部张夏仙，宁波永望电子有限公司陈浩群，宁波禾光科技有限公司金彪，其中，郑发泰担任本书的主编并负责统稿工作，张培忠和翁正国担任副主编。在编写过程中得到了奥克兰理工大学（Auckland University of Technology）郑翔南的大力支持，在此表示感谢。

由于编者水平和经验有限，书中难免有错误和不妥之处，敬请读者批评指正。

编　者

2016 年 6 月

目　录

项目1

识别与检测电子元器件

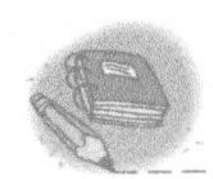

项目要求

以电子产品为载体，通过拆卸、检测、筛选电子产品中的元器件，识别电路板上的各种电子元器件；掌握元器件的参数标识方法和检测方法；了解各种元器件的指标和种类；能够选择正确的仪器仪表检测各种电子元器件参数，达到能识别常见元器件，判别元器件质量好坏的目的。

【知识要求】

- 熟悉常用电子元器件的外形和特征。
- 熟悉常用电子元器件的参数和功能。
- 熟悉常用电子元器件的命名与标注。
- 熟悉 SMT 元器件的特点、种类和规格。

【能力要求】

- 能够选择正确的仪器仪表检测电子元器件参数。
- 能检验电子元器件的外观质量。
- 能筛选电子元器件。
- 能熟练应用常用电子元器件。

相关知识

电子电路是由电子元器件组成的。常用的电子元器件有电阻器、电容器、电感器、半导体分立元器件、电声器件、光电器件和压电器件、表面安装元器件及各种传感器等。下面分别对其进行介绍。

1.1 电阻（位）器

电阻（位）器是在电子电路中用得最多的元器件之一，电阻器又称电阻。在电路中主要起分压、分流、负载（能量转换）等作用，也用于稳定、调节、控制电压或电流的大小。

电阻（位）器的文字符号用大写字母“R”表示。电阻的单位是欧姆（Ω），常用的单位还有千欧姆（kΩ）、兆欧姆（MΩ）。它们之间的换算关系是

$$1\text{M}\Omega = 10^3\text{k}\Omega = 10^6\Omega$$

1.1.1 电阻（位）器的类型及其主要参数

电阻（位）器从结构上可分为固定电阻（位）器和可变电阻（位）器两大类，常见电阻（位）器的外形和电路图形符号如图 1.1 所示。

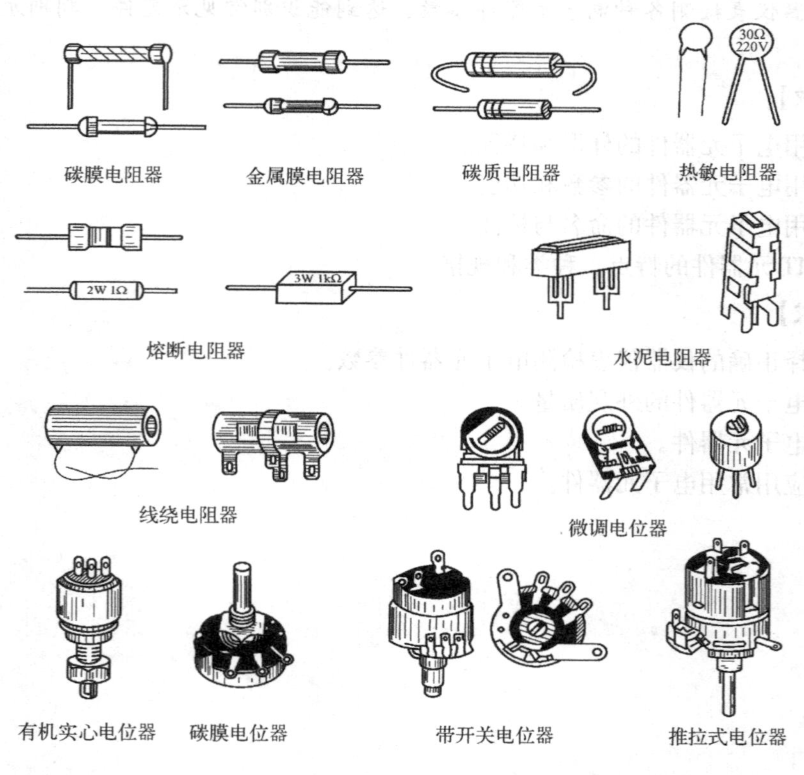

图 1.1 常见电阻（位）器的外形和电路图形符号

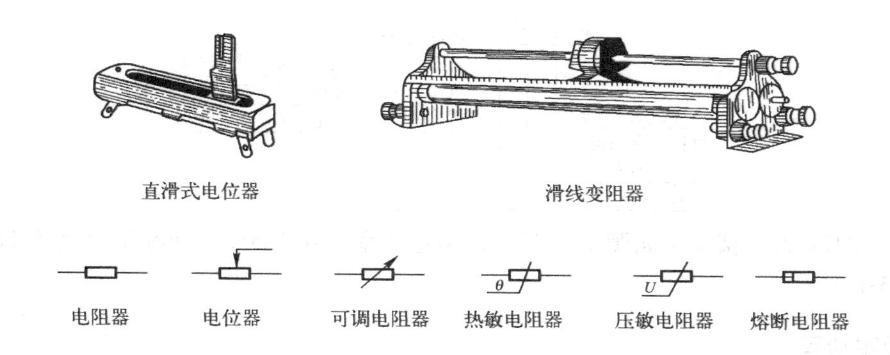

图 1.1 常见电阻（位）器的外形和电路图形符号（续）

电阻器种类很多，通常可分为固定电阻器、可变电阻器、熔断电阻器、敏感电阻器和集成电阻器。

熔断电阻器又称保险电阻器，是一种具有电阻器和熔断器双重作用的特殊元器件，分为可恢复式熔断电阻器和一次性熔断电阻器。熔断电阻器在电路正常工作时起电阻作用，当电路发生故障时则迅速熔断。

敏感电阻器是指对光照、电压、磁场、温度、湿度、气体浓度等作用敏感的电阻器，如热敏电阻器、压敏电阻器、光敏电阻器、气敏电阻器、湿敏电阻器及力敏电阻器等。

电位器就是在可调电阻上再加一个开关，做成同轴联动形式，如收音机中的音量旋钮和电源开关等。

根据国家标准 GB/T 2470—1995 的规定，电阻器和电位器的型号由 4 部分组成，如表 1.1所示。

表 1.1 电阻器和电位器的型号命名法

第 1 部分		第 2 部分		第 3 部分		第 4 部分
用字母表示主称		用字母表示材料		用数字或字母表示特征		用字母和数字表示含义
符号	含义	符号	含义	符号	含义	
R W	电阻器 电位器	T H P U C I J Y S N X R G M	碳膜 合成膜 硼碳膜 硅碳膜 沉积膜 玻璃釉膜 金属膜 氧化膜 有机实心 无机实心 线绕 热敏 光敏 压敏	1，2 3 4 5 7 8 9 G T X L W D	普通 超高频 高阻 高温 精密 电阻器—高压 电位器—特殊 高功率 可调 小型 测量用 微调 多圈	额定功率 阻值 允许误差 精度等级等

例如，RJ71 –0.125 –5.1kI 型电阻器。

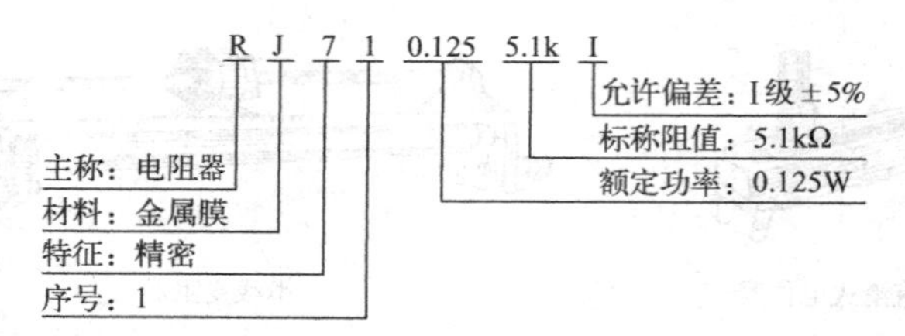

可见，RJ71 表示精密金属膜电阻器，其额定功率为 0.125W，标称阻值为 5.1kΩ，允许偏差为 ±5%。

1. 额定功率

在规定的温度和环境下，电阻器在电路中长时间连续正常工作时所允许消耗的最大功率，称为电阻器的额定功率。如果电阻器在超过额定功率的情况下工作，温度会明显升高，电性能也会不稳定，严重时会烧毁。

不同类型的电阻器有不同的额定功率等级，表 1.2 列出了电阻（位）器的额定功率等级。不同额定功率的电阻器，在电路图中的标注有多种，有的是直接在电路图中标出该电阻器的功率数值（如 xW 或 xxW），有的则在图中用电路图符号来表示，如图 1.2 所示。

表 1.2　电阻（位）器的额定功率等级

种　类	额定功率（W）
线绕电阻	0.05　0.125　0.25　0.5　1　2　4　8　10　16　25　40　50　75　100　150　250　500
非线绕电阻	0.05　0.125　0.25　0.5　1　2　5　10　25　50　100
线绕电位器	0.25　0.5　1　1.6　2　3　5　10　16　25　40　63　100
非线绕电位器	0.025　0.05　0.1　0.25　0.5　1　2　3

1/8W　1/4W　1/2W　1W　2W

图 1.2　电阻器额定功率的符号表示

2. 标称阻值和允许误差

电阻器上所标注的阻值称为标称值。电阻器的实际阻值 R 和标称值 R_R 之差除以标称值所得到的百分数，为电阻器的允许误差 δ。

$$\delta = \frac{R - R_R}{R_R} \times 100\%$$

误差越小的电阻（位）器，其标称值规格越多。常用固定电阻（位）器的标称值系列如表 1.3 所示，允许误差等级如表 1.4 所示。

表 1.3　常用电阻（位）器的标称值系列

系　列	允许误差	标称值											
E24	I级 ±5%	1.0	1.1	1.2	1.3	1.5	1.6	1.8	2.0	2.2	2.4	2.7	3.0
		3.3	3.6	3.9	4.3	4.7	5.1	5.6	6.2	6.8	7.5	8.2	9.1

续表

系　列	允许误差	标称值											
E12	Ⅱ级 ±10%	1.0	1.1	1.5	1.8	2.2	2.7	3.3	3.9	4.7	5.6	6.8	8.2
E6	Ⅲ级 ±20%	1.0	1.5	2.2	3.3	4.7	6.8						

表 1.4　常用电阻（位）器的允许误差等级

允许误差	±0.5%	±1%	±5%	±10%	±20%
等　级	005	01	Ⅰ	Ⅱ	Ⅲ
文字符号	D	F	J	K	M

电阻（位）器上的标称值是按国家规定的阻值系列标注的，因此在选用时必须按阻值系列去选用，使用时将表中的数值乘以 $10^n\Omega$（n 为整数），就成为这一阻值系列。如 E24 系列中的 1.8 就代表有 1.8Ω、18Ω、180Ω、1.8kΩ、18kΩ 等系列电阻值。

3. 电阻器的标识

阻值和允许误差在电阻上常用的标识方法有 4 种。

（1）直接标识法。将电阻器的阻值和误差等级直接用数字和文字符号标识在电阻器上。对小于 1000Ω 的阻值只标出数值，不标单位。精度等级只标Ⅰ级或Ⅱ级，Ⅲ级不标注。电阻器直接标识法如图 1.3 所示。它的标称值是 1.5MΩ，允许误差为 ±10%，RT－5 表示是碳膜电阻，额定功率为 5W。

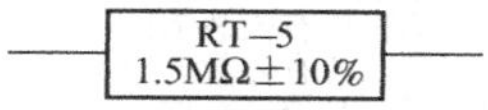

RT–5
1.5MΩ±10%

图 1.3　电阻器直接标识法

（2）文字符号法。将需要标识的主要参数与技术指标用文字和数字符号有规律地标识在电阻器上。欧姆用 Ω 表示、千欧用 k 表示、兆欧（$10^6\Omega$）用 M 表示、吉欧（$10^9\Omega$）用 G 表示、太欧（$10^{12}\Omega$）用 T 表示。电阻值的整数部分写在阻值单位的前面，电阻值的小数部分写在阻值单位的后面，特定的字母表示电阻的允许偏差，可参照表 1.4。

［例 1.1］　用文字符号法表示 0.12Ω、1.2Ω、1.2kΩ、1.2MΩ、$1.2\times10^9\Omega$ 电阻的阻值大小。

解：0.12Ω 的文字符号表示为 R12；

1.2Ω 的文字符号表示为 1R2 或 1Ω2；

1.2kΩ 的文字符号表示为 1K2；

1.2MΩ 的文字符号表示为 1M2；

$1.2\times10^9\Omega$ 的文字符号表示为 1G2。

［例 1.2］　解释下列用文字符号法标注的电阻的含义：7R5J、3k3K、R12。

解：7R5J 表示该电阻标称值为 7.5Ω，允许误差为 ±5%；

3k3K 表示该电阻标称值为 3.3kΩ，允许误差为 ±10%；

R12 表示该电阻标称值为 0.12Ω，允许误差为 ±20%。

（3）数码标注法。用 3 位阿拉伯数字标注在电阻器上来表示电阻器的标称值的方法称为数码标注法。前两位代表电阻值的有效数，第三位数 n 表示倍乘 10^n（即有效值后 0 的个数），这里 n 取 0 ～ 8，9 是个特例，意思是 10^{-1}，单位默认为 Ω，电阻器的允许误差表示与文字符号法相同。

［例 1.3］ 解释下列用数码标注法标注的电阻的含义：102J、756K、220、229。

解：102J 表示该电阻标称值为 $10\times10^2=1\text{k}\Omega$，J 表示该电阻的允许误差为 ±5%；

756K 表示该电阻标称值为 $75\times10^6=75\text{M}\Omega$，K 表示该电阻的允许误差为 ±10%；

220 表示该电阻标称值为 $22\times10^0=22\Omega$，该电阻的允许误差为 ±20%；

229 表示该电阻标称值为 $22\times10^{-1}=2.2\Omega$，该电阻的允许误差为 ±20%。

（4）色环标识法。对体积很小的电阻和一些合成电阻器，其阻值和误差常用色环来标识，如图 1.4 所示。色环标识法有 4 环和 5 环两种。4 环电阻器有 4 道色环，第一道环和第二道环分别表示电阻器的第一位和第二位有效数字，第三道环表示10 的乘方数（10^n，n 为颜色所表示的数字），第四道环表示允许误差（若无第四道色环，则误差为 ±20%）。色环电阻的单位一律为 Ω。

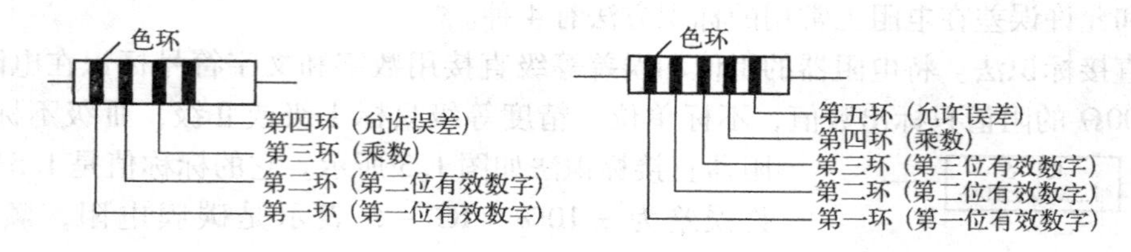

图 1.4 电阻器的色环标识法

现在普遍使用的是精密电阻，精密电阻一般用 5 道色环标识，它的前 3 道色环表示 3 位有效数字，第四道色环表示 10^n（n 为颜色所代表的数字），第五道色环表示阻值的允许误差。四色环电阻器和五色环电阻器的色标含义如表 1.5 和表 1.6 所示。

表 1.5 四色环电阻器的色标表示法

颜色	黑	棕	红	橙	黄	绿	蓝	紫	灰	白	金	银	无色
第一位有效数字	0	1	2	3	4	5	6	7	8	9			
第二位有效数字	0	1	2	3	4	5	6	7	8	9			
倍乘	10^0	10^1	10^2	10^3	10^4	10^5	10^6	10^7	10^8	10^9	10^{-1}	10^{-2}	
允许误差（%）										+50 ～ −20	±5	±10	±20

表 1.6 五色环电阻器的色标表示法

颜色	黑	棕	红	橙	黄	绿	蓝	紫	灰	白	金	银
第一位有效数字	0	1	2	3	4	5	6	7	8	9		
第二位有效数字	0	1	2	3	4	5	6	7	8	9		
第三位有效数字	0	1	2	3	4	5	6	7	8	9		
倍乘	10^0	10^1	10^2	10^3	10^4	10^5	10^6	10^7	10^8	10^9	10^{-1}	10^{-2}
允许误差（%）		±1	±2			±0.5	±0.25	±0.1				

采用色环标识的电阻器，颜色醒目，标识清晰，不易褪色，从不同角度都能看清阻值和允许误差。目前在国际上都广泛采用色标法。

注意：读色环的顺序规定为，更靠近电阻引线的色环为第一环，离电阻引线远一些的色环为最后的环（即误差环）；误差环与其他环的间距要大（通常为前几环间距的1.5倍）。若两端色环离电阻两端引线等间距时，可借助于电阻的标称值系列（表1.3）及色环符号规定（表1.5和表1.6）中有效数字与误差的特点来判断。

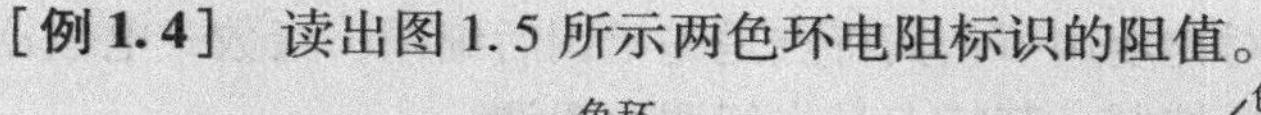
［例1.4］ 读出图1.5所示两色环电阻标识的阻值。

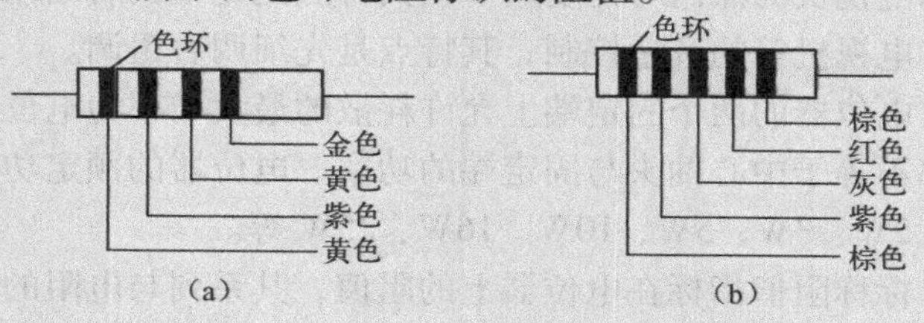

图1.5　色标法标识的电阻器

解：在图1.5（a）中，该色环电阻的有效色环是黄色（4）、紫色（7），倍乘环是黄色（10^4），误差环是金色（±5%），则该色环电阻为470 000Ω±5%＝470kΩ±5%。

在图1.5（b）中，该色环电阻的有效色环是棕色（1）、紫色（7）、灰色（8），倍乘环是红色（10^2），误差环是棕色（±1%），则该色环电阻为17 800Ω±1%＝17.8kΩ±1%。

4. 电位器的类型

电位器按材料不同可分为线绕电位器（WX）、有机实心电位器（WS）、碳膜电位器（WT）、金属膜电位器（WJ）、玻璃釉电位器（WI）等；按结构不同可分为单圈电位器、多圈电位器、单联电位器、双联电位器、多联电位器、抽头式电位器、贴片式电位器、锁紧式电位器和非锁紧式电位器等；按开关的调节形式不同又有旋转式电位器、推拉式电位器、直滑式电位器等；按驱动方式不同可分为手动调节电位器和电动调节电位器等。

（1）碳膜电位器。碳膜电位器主要由马蹄形电阻片和滑动臂构成，其结构简单，阻值随滑动触点位置的改变而改变。碳膜电位器的阻值范围较宽（100Ω～4.7MΩ），工作噪声小、稳定性好、品种多，因此广泛用于无线电设备和家用电器中。

（2）线绕电位器。线绕电位器是由合金电阻丝绕在环状骨架上制成的。其优点是能承受大功率且精度高，电阻的耐热性和耐磨性较好；其缺点是分布电容和分布电感较大，影响高频电路的稳定性，故在高频电路中不宜使用。

（3）直滑式电位器。其外形为长方体，电阻体为板条形，通过滑动触点改变阻值。直滑式电位器多用于收录机和电视机中，其功率较小，阻值范围为470Ω～2.2MΩ。

（4）方形电位器。这是一种新型电位器，耐磨性好，装有插入式焊片和插入式支架，能直接插入印制电路板，不用另设支架。常用于电视机的亮度、对比度和色饱和度的调节，阻值范围为470Ω～2.2MΩ，这种电位器属于旋转式电位器。

5. 电位器的主要参数

电位器的主要参数除与电阻器相同之外还有以下参数。

(1) 阻值的变化规律。这是指电位器的阻值随转轴旋转角度的变化关系，可分为线性电位器和非线性电位器。常用的有直线式、对数式、指数式，分别用 X，D，Z 字母来表示。字母符号一般印在电位器上，使用时应特别注意。

直线式电位器适合做分压器，常用于示波器的聚焦和万用表的调零等方面；对数式电位器常用于音调控制和电视机的黑白对比度调节，其特点是先粗调后细调；指数式电位器常用于收音机、录音机、电视机等的音量控制，其特点是先细调后粗调。

(2) 额定功率。电位器的两个固定端上允许耗散的最大功率为电位器的额定功率。使用中应注意，额定功率不等于中心抽头与固定端的功率。电位器的额定功率有 0.1W、0.25W、0.5W、1W、1.6W、2W、3W、5W、10W、16W、25W 等。

(3) 标称阻值。标称阻值指标在电位器上的阻值，其系列与电阻的系列类似，它等于电阻体两个固定端之间的电阻值。

(4) 允许误差等级。根据不同精度等级，实际阻值与标称阻值可允许有 ±20%、±10%、±5%、±2%、±1% 的误差。精密电位器的精度可达 ±0.1%。

注意： 由于电阻体阻值分布的不均匀性和滑动触点接触电阻的存在，电位器的滑动臂在电阻上移动时会产生噪声，这种噪声对电子设备的工作将产生不良影响。

1.1.2 电阻（位）器的检测

1. 普通电阻器的检测

当电阻器的参数标识因某种原因脱落或欲知道其精确阻值时，就需要用仪器对电阻器的阻值进行测量。对于常用的碳膜电阻器、金属膜电阻器及线绕电阻器的阻值，可用普通数字式万用表和指针式万用表的电阻挡直接测量。在具体测量时应注意以下两点：

(1) 合理选择量程。如果使用指针式万用表，则先将万用表功能选择置于“Ω”挡，由于指针式万用表的电阻挡刻度线是一条非均匀的刻度线，因此必须选择合适的量程，使被测电阻的指示值尽可能位于刻度线的 0 刻度到全程 2/3 的这一段位置上，这样可提高测量的精度。对于较大阻值的电阻（位）器，则应选用 R×10k 挡来进行测量。

(2) 注意调零。所谓“调零”就是将万用表的两支表笔短接，调节“调零”旋钮使表针指向表盘上的“0Ω”位置。

2. 热敏电阻器的检测

常温检测：在接近 25℃ 室内温度下，用万用表两表笔接触热敏电阻器的两个引脚，测出的阻值与标称值相对比，二者相差在规定的误差范围内即为正常，若测出的阻值与标称值相差较大，则说明其性能不良或已损坏。

注意： 室温高于 25℃ 时，正温度系数（PTC）热敏电阻器阻值偏大，负温度系数（NTC）热敏电阻器阻值偏小。

加温检测：使热敏电阻器升温或降温（如电烙铁靠近热敏电阻器对其烘烤加热、体温加热、酒精降温等），同时用万用表监测其电阻值，如果PTC热敏电阻器随温度的升高阻值增大、NTC热敏电阻器随温度的升高阻值减小，说明热敏电阻器正常；若阻值无变化或变化很小，说明热敏电阻器已损坏或功能失效，不能继续使用。

常温测量时，注意不要用手捏住热敏电阻器，以防人体温度对检测产生影响；加温测量时，注意热源不要与热敏电阻器靠得过近或直接接触热敏电阻器，以免损坏元件。

3. 压敏电阻器的检测

用万用表测量压敏电阻器两个引脚间的绝缘电阻，应为无穷大，否则说明漏电。若所测电阻很小，说明压敏电阻器已损坏，不能使用。

4. 光敏电阻器的检测

（1）亮、暗电阻测量。在挡住光敏电阻器透光窗口和将光线射进光敏电阻器的透光窗口的情况下，分别用万用表测量光敏电阻器的阻值，其暗电阻值越大、亮电阻值越小（或亮、暗电阻相差较大），说明光敏电阻器性能越好；若暗电阻很小、亮电阻很大，说明光敏电阻器已损坏，不能使用。

（2）动态电阻测量。改变射入光敏电阻器透光窗口的光线强度，或改变透光窗口的大小，万用表指针应随光线强弱的变化而左右摆动。如果万用表指针始终停在某一位置不动，则说明光敏电阻器的光敏材料已经损坏。

5. 电位器的检测

（1）检测要求。电位器的总阻值要符合标识数值，电位器的中心滑动端与电阻体之间要接触良好，其动态噪声和静态噪声应尽量小，其开关应动作准确可靠。

（2）检测方法。先测量电位器的总阻值，即两端片之间的阻值为标称值，然后再测量它的中心端与电阻体的接触情况。将一支表笔接电位器的中心焊接片，另一支表笔接其余两端片中的任意一个，慢慢将其转柄从一个极端位置旋转至另一个极端位置，其阻值应从零（或标称值）连续变化到标称值（或零）。

1.2 电容器

电容器又称电容，是一种能存储电能的元器件，由于充电需要时间，所以电容上的电压不能突变。电容在电路中有通交流隔直流、通高频阻低频的作用。在电路中也常用做交流信号的耦合、交流旁路、电源滤波、谐振选频等。

电容的文字符号用大写字母“C”表示。电容的单位是法拉（F），常用的单位还有毫法（mF）、微法（μF）、纳法（nF）和皮法（pF）。它们之间的换算关系是

$$1\text{F} = 10^3\text{mF} = 10^6\mu\text{F} = 10^9\text{nF} = 10^{12}\text{pF}$$

1.2.1 电容器的类型及其主要参数

电容按结构不同可分为固定电容和可变电容，可变电容中又有半可变（微调）电容和

全可变电容之分。电容按材料介质不同可分为气体介质电容、纸介电容、有机薄膜电容、瓷介电容、云母电容、玻璃釉电容、电解电容、钽电容等。电容还可分为有极性电容和无极性电容。常用电容器的外形和电路图形符号如图 1.6 所示。

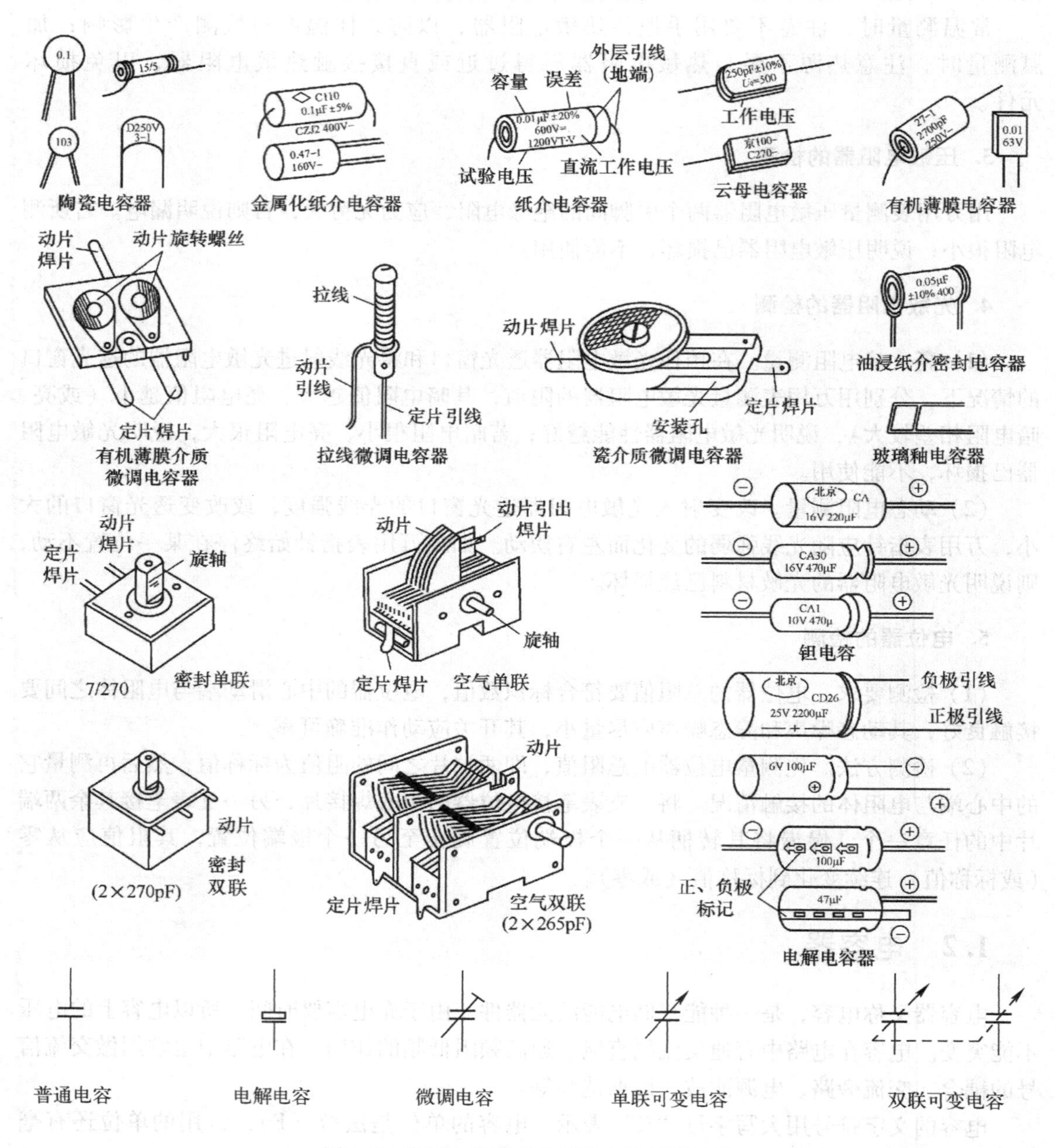

图 1.6 常用电容器的外形和电路图形符号

根据国标 GB2470—1995 的规定，电容的产品型号一般由 4 部分组成，依次代表名称、材料、分类和序号。各部分含义如表 1.7 所示。

表 1.7　电容型号命名法

第1部分		第2部分		第3部分					第4部分
名称		用字母表示分类		用字母表示分类					用字母或数字表示序号
符号	含义	符号	含义	符号	含义				含　义
					瓷介电容	云母电容	有机电容	电解电容	
C	电容器	A	钽电解	1	圆片	非密封	非密封	箔式	包括：品种、尺寸代号、温度特性、直流工作电压、标称值、允许误差、标准代号等
		B	聚苯乙烯	2	管形	非密封	非密封	箔式	
		C	高频陶瓷	3	蝶形	密封	密封	烧结粉液体	
		D	铝电解	4	独石	密封	密封	烧结粉固体	
		E	其他电解	5	穿心	—	—	—	
		G	合金电解	6	支柱	—	—	—	
		H	复合介质	7	—	—	—	无极性	
		I	玻璃釉	8	高压	高压	高压	—	
		J	合金化纸	9		—	特殊	特殊	
		L	聚酯膜	10		—	卧式	卧式	
		N	铌电解	11		—	立式	立式	
		O	玻璃膜	12		—	无感式		
		Q	漆膜	C	穿心式				
		S	聚碳酸酯	D	低压				
		T	低频陶瓷	J	金属化				
		V	云母纸介	M	密封				
		Y	云母介质	S	独石				
		Z	纸介质	W	微调				
		BB	聚丙烯膜	X	小型				
		LS	聚碳酸酯膜	Y	高压				

1. 电容器的主要参数

(1) 额定工作电压。额定工作电压是指电容器在规定的工作温度范围内，长期、可靠地工作所能承受的最大直流电压，也称耐压。如果工作电压超过电容器的耐压，电容器将击穿，造成不可修复的永久损坏。耐压大小与介质的种类和厚度有关。

(2) 标称电容量。电容两端加上一定的电压后能储存电荷的能力称为电容器的电容量，它是电容器的一个主要指标，标称电容量也就是标注在电容器上的电容量，国产电容器的标称值系列规定与电阻器相同。

例如，电容器 CJX－250－0.33－±10%。

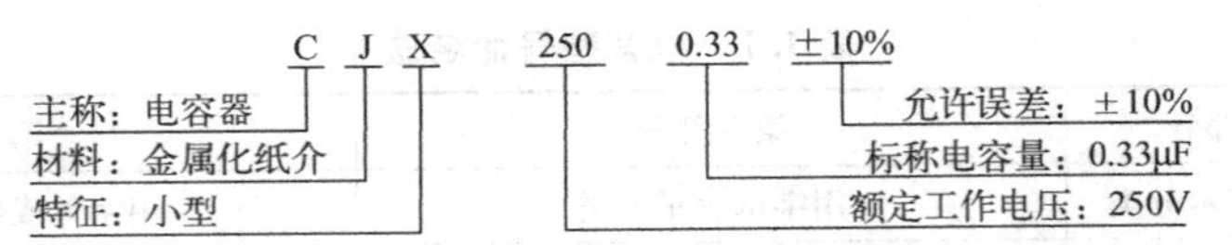

（3）允许误差。在允许的误差范围内，电容器实际电容量 C 与标称电容量 C_R 之差除以标称值所得到的百分数称为允许误差 δ，允许误差是实际电容器对于标称电容量的最大允许误差范围，可由下式求得：

$$\delta = \frac{C - C_R}{C_R} \times 100\%$$

电容器的精度等级如表 1.8 所示。

表 1.8　电容器的精度等级

精度等级	01	02	Ⅰ	Ⅱ	Ⅲ	Ⅳ	Ⅴ	Ⅵ
允许误差	±1%	±2%	±5%	±10%	±20%	+20%～−10%	+50%～−20%	+50%～−30%

注：允许误差的标识方法一般有如下 3 种：

① 将容量的允许误差直接标识在电容器上。

② 用罗马数字Ⅰ、Ⅱ、Ⅲ分别表示 ±5%、±10%、±20%。

③ 用英文字母表示误差等级。用 J、K、M、N 分别表示 ±5%、±10%、±20%、±30%；用 D、F、G 分别表示 ±0.5%、±1%、±2%；用 P、S、Z 分别表示 ±（100～0)%、±（50～20)%、±（80～20)%。

2. 电容容量和误差的标识方法

电容的容量和误差的标识方法有如下 4 种。

（1）直标法。在电容器的表面上直接标识出产品的主要参数和技术指标的方法。

例如，在电容器上标识：33μF ±5%，32V。

（2）文字符号法。将需要标识的主要参数与技术性能用文字、数字符号有规律组合标识在电容器的表面上。采用文字符号法时，将容量的整数部分写在容量单位标识符号前面，小数部分写在单位符号后面。

例如，3.3pF 标识为 3p3，1000pF 标识为 1n，6800 标识为 6n8，2.2μF 标识为 2μ2。

（3）数字表示法。体积较小的电容常用数字标识法。一般用 3 位整数，第一位、第二位为有效数字，第三位表示有效数字后面零的个数，单位为皮法（pF），但是当第三位数是 9 时表示 10^{-1}。

例如，“243”表示容量为 24 000pF，而“339”表示容量为 33×10^{-1}pF（3.3pF）。

（4）色标法。电容容量的色标法原则上与电阻器类似，其单位为皮法（pF）。

1.2.2　电容器的检测

电容器常出现的故障有极间短路、极间开路、漏电、容量变小及介质损耗增大等，这里对电容器的检测主要是通过用指针式万用表对电容器的简单测量，判断电容器是否有开路、短路、漏电等故障，对于好的电容器，可以估测有关的参数、极性等。

1. 普通固定电容器的检测

检测容量在 0.01μF 以下的电容器，万用表选 R ×10k 挡，测量时，两表笔分别接电容器的两个端子，因为电容器容量很小，万用表几乎看不出充、放电现象，所以指针指到∞位置不动。若指针有偏转且不回到∞位置，则说明电容器漏电；若指针接近或指到零，则说明电容器两极短路，本检测不能测出开路故障和估测容量。若用数字万用表测电容器的容量，如果容量明显小于标称值，则说明电容器已失效；如果容量接近于零，则说明电容器开路。在进行检测时，都应注意正确操作，不要用手指同时接触被测电容器的两个端子。

检测容量在0.01μF以上的电容器时，仍用万用表R×10k挡，由于容量相对较大，万用表能够看到充、放电现象。检测时，先用两表笔任意触碰电容的两个引脚，万用表指针会向右摆动一下，随即向左迅速返回∞位置；然后调换表笔再测一次，这次指针摆动角度应该是上次的2倍。电容器容量越大，测量时摆动的角度越大，由此可估计电容器的容量（估计容量时可以用相同容量的标准电容器做比较或凭经验判断）。反复调换表笔触碰电容器两端，万用表指针始终不向右摆动，说明该电容器已失效或开路；若指针向右摆动后不能再向左回到∞位置，说明电容器漏电；若指针接近或指到零电阻位置，则说明电容器已经击穿短路。

2. 电解电容器的检测

电解电容器的容量比一般固定电容器大得多，所以电容器的充、放电过程很明显，测量时，一般1～47μF的电容可用R×1k挡测量，大于47μF的电容可用R×100挡测量。

（1）测量漏电阻。将万用表红、黑表笔分别接电容器负极和正极，在刚接触的瞬间，万用表指针向右偏转一个角度，接着逐渐向左回转，直到停在某一位置，此位置指针的偏转角度越小，说明漏电流越小，电容器的性能越好。然后将红、黑表笔对调，万用表指针将重复上述摆动现象，因为这一次电解电容器加的是反向工作电压，所以反向漏电流比正向漏电流要大，即指针最后停的位置角度偏转比前面一次大，这属于正常现象。在检测中，若正、反向均无充电现象，则说明电容器容量消失或内部断路；如果所测阻值很小或为零，说明电容器漏电大或已击穿损坏。

（2）极性的判断。新的电解电容器的上面都有容量和耐压的标注，而且为了电子厂工人在生产线上插件的方便，正极已经做成了长脚。但有时会遇到正、负极标志不明的电解电容器，这时可利用上述测量漏电流的方法加以判断，即两次测量中漏电流小的那次是正向接法，此时黑表笔接的是电解电容器的正极。

（3）容量的估计。电解电容器容量的估计方法与普通固定电容器相似，只是充、放电时间相对比较长，指针偏转角度要大得多。

3. 可变电容器的检测

（1）检查机械性能。旋动转轴，应感觉转动平滑，力度均匀，不应时松时紧，甚至有被卡的现象，转轴在各方向都不应有松动现象；转动可变电容器时，察看动片和定片之间的绝缘薄膜，动片应该很顺畅地滑过薄膜而不应多薄膜有推挤现象，动片应能完全旋进和旋出。

（2）检查电气性能。用万用表R×10k挡测量动片与定片之间的电阻，应为∞，然后在转动转轴的情况下，万用表指针都应在∞位置不动。对于多联可变电容器，每一联都要经过检查，而且各联定片之间的电阻应该是∞。在上面所有检查过程中，如果有指针出现偏转甚至指向零的情况，说明动片和定片之间存在漏电或碰片现象；如果碰到某一角度，万用表读数不是无穷大而是出现一定阻值，说明可变电容器动片与定片之间存在漏电现象。

现在大多数可变电容器带有微调电容器，可以用上面类似的方法一并检查，检查时注意由于引出端子较多，不要弄错。

1.3 电感器

电感器又称电感或电感线圈，由漆包线或纱包线在绝缘骨架上绕制而成。它的性质是当线圈中的电流发生变化时能产生感应电动势（自感），这个感应电动势使得电感器中的电流不能突变。当电感器中有电流通过时，电感器能储存一定量的磁场能，所以它是储能元件。电感器在电路中具有通直流阻交流、通低频阻高频的作用，它对电流阻碍作用的大小与通过它的电流频率有关，频率越高，阻碍作用越大。电感器在电路中常用于交流信号的扼流、电源滤波、谐振选频等。

电感的文字符号用大写字母“L”表示。电感的单位是亨利（H），常用的单位还有毫亨（mH）、微亨（μH），它们之间的换算关系是

$$1\text{H} = 10^3\text{mH} = 10^6\mu\text{H}$$

1.3.1 电感器的类型及其主要参数

1. 常用电感器及其特点

常用电感器和变压器的外形及图形符号如图 1.7 所示。

电感器有很多种类，按绕制方式的不同可分为单层线圈、多层线圈、蜂房式线圈等；按导磁材料的不同可分为空心线圈、铁芯线圈、铜芯线圈、铁氧体线圈等；按结构不同可分为固定电感器、可变电感器、微调电感器等；按线圈的数量不同可分为普通电感器（单个线圈）、变压器（多个线圈）；按工作频率不同可分为高频扼流圈和低频扼流圈；按作用的不同可分为振荡线圈、延时线圈、滤波线圈、偏转线圈、消磁线圈等。

（1）小型固定式电感器。这种电感器是将铜线绕在磁芯上，再用环氧树脂或塑料封装而成。其主要特点是体积小、质量轻、结构牢固和安装使用方便等。在电路中用于滤波、陷波、扼流、振荡、延迟等。它的电感量用直标法和色标法标注在电感器上。

（2）高频扼流圈。高频扼流圈在结构上就是一个铁氧体磁芯线圈，其匝数的多少由工作频率决定。高频扼流圈在高频电路中用来阻碍高频电流的通过。在电路中，高频扼流圈常与电容串联组成滤波电路，起到分开高频和低频信号的作用。

（3）低频扼流圈。低频扼流圈又称滤波线圈，一般由铁芯、绕组等构成。其结构有封闭式和开启式两种，封闭式的结构防潮性能较好。由于工作频率较低，所以匝数较多、体积大、质量大。其作用是扼制低频电流的通过，常与电容组成滤波电路，以滤除整流后残存的交流成分。

（4）可变电感器。在线圈中插入磁芯（或铜芯），通过改变磁芯在线圈中的位置达到改

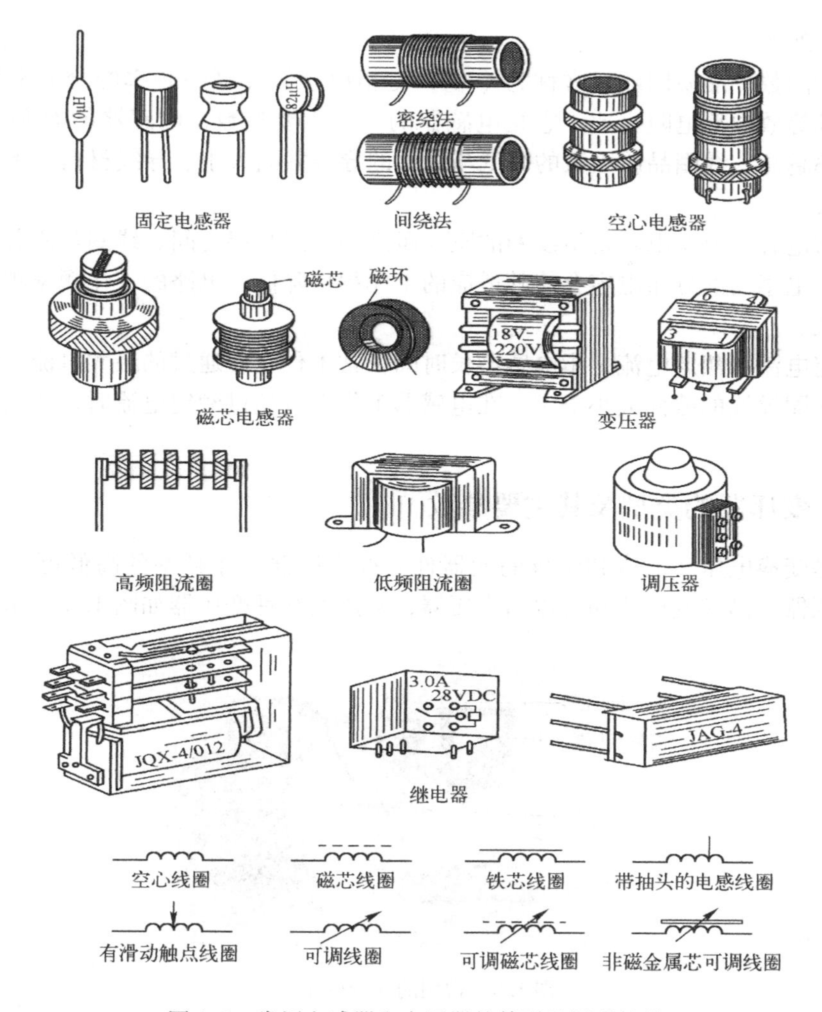

图 1.7　常用电感器和变压器的外形及图形符号

变电感量的目的。例如磁棒式天线线圈就是一个可变电感器，其电感量可在一定的范围内调节。它还能与可变电容组成调谐器，用于改变谐振回路的谐振频率。

(5) 贴片电感。电感器的片状元件，具有体积小、可靠性高的特点，适用于小型印制电路板。

2. 电感的主要参数

(1) 标称电感量。电感量又称自感系数，它是描述电感器自感能力大小的一个物理量，它的大小与线圈的匝数、有无磁芯及磁芯的材料、线圈的体积等有关，匝数多、体积大、磁芯磁导率大，则电感量大。标称电感量就是标注在电感器上的电感量，一般按 E12 系列标注。

(2) 允许误差。电感器上的实际电感量与标称电感量之差除以标称电感量所得的百分数，称为电感器的允许误差。用于振荡等电路中的电感器精度要求较高，一般允许偏差为 ±0.2% ～ ±0.5%；而用于耦合、高频阻流等电路中的线圈精度要求相对较低，允许偏差

为 ±10% ～ ±20% 。

（3）品质因数。品质因数通常称为 Q 值，是指电感器在某一频率的交流电压下，所呈现的感抗与其等效损耗电阻之比。它是电感器的一个重要参数，电感器的 Q 值越高，其损耗越小，效率越高。线圈品质因数的高低与线圈的导线截面大小、导线材料、磁性材料、绕制方法等有关。

（4）分布电容。分布电容是指线圈的匝与匝之间、层与层之间、线圈与磁芯等材料之间存在的电容。电感器的分布电容会使其适应的工作频率降低，电路的工作频率越高，分布电容的影响越大。

（5）额定电流。额定电流是指电感器长时间正常工作允许通过的最大电流。额定电流的大小主要由线圈导线的截面大小决定。在电感器工作电流超过额定电流时，线圈会发热严重或被烧毁。

1.3.2　变压器的类型及其主要参数

变压器是变换电压、电流和阻抗的元器件。按变压器工作频率的高低可分为低频变压器、中频变压器、高频变压器和行输出变压器，常用的几种变压器如图 1.8 所示。

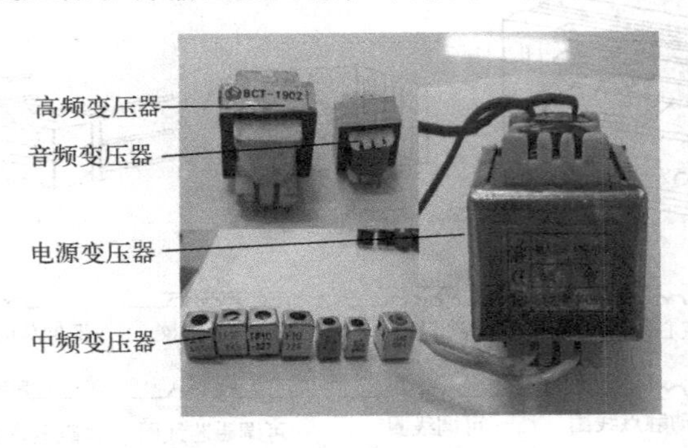

图 1.8　常用的几种变压器

1. 低频变压器

低频变压器又分为音频变压器和电源变压器两种。音频变压器的主要作用是实现阻抗匹配、耦合信号。电源变压器可以将 220V/50Hz 交流电压升高或降低，变成所需的各种交流电压。

2. 中频变压器

中频变压器是超外差式收音机和电视机中的重要元器件。它的磁芯和磁帽是用高频或低频特性的磁性材料制成的，低频磁芯用于收音机，高频磁芯用于电视机和调频收音机。中频变压器的适用频率范围从几千赫兹到几十兆赫兹，在电路中起选频和耦合等作用，在很大程度上决定了接收机的灵敏度、选择性和通频带。

3. 高频变压器

高频变压器又分为耦合线圈和调谐线圈两类。调谐线圈与电容可组成串、并联谐振回路，起选频等作用。天线线圈、振荡线圈等都是高频线圈。

4. 行输出变压器

行输出变压器又称为逆行程变压器，接在电视机行扫描的输出级，将行逆程反峰电压升压后再经过整流、滤波，为显像管提供几万伏的阳极高压和几百伏的加速极电压、聚焦极电压及其他电路所需的直流电压。

5. 变压器的主要参数

（1）变压比。变压比 n 指变压器的初级电压 U_1 与次级电压 U_2 的比值，或初级线圈匝数 N_1 与次级线圈匝数 N_2 的比值

$$n=\frac{U_1}{U_2}=\frac{N_1}{N_2}$$

（2）额定功率。额定功率是指在规定的频率和电压下，变压器能长期工作而不超过规定温升的输出功率。

（3）效率。效率 η 是指在额定负载时，变压器的输出功率 P_2 和输入功率 P_1 的比值，即

$$\eta=\frac{P_2}{P_1}\times 100\%$$

（4）绝缘电阻。绝缘电阻是表征变压器绝缘性能的一个参数，是施加在绝缘层上的电压与漏电流的比值，包括绕组之间、绕组与铁芯及外壳之间的绝缘阻值。由于绝缘电阻很大，一般只能用兆欧表（或万用表的 R×10k 挡）测量其阻值。如果变压器的绝缘电阻过低，在使用中可能会出现机壳带电甚至将变压器绕组击穿烧毁的现象。

1.3.3　电感器和变压器的检测

1. 电感器的检测

对电感器进行检测首先要进行外观检查，看线圈有无松散，引脚有无折断、生锈现象。然后用万用表的欧姆挡测量线圈的直流电阻，若为无穷大，说明线圈（或与引出线间）有断路；若比正常值小很多，说明有局部短路；若为零，则线圈被完全短路。对于有金属屏蔽罩的电感器，还需检查它的线圈与屏蔽罩之间是否短路；对于有磁芯的可调电感器，螺纹配合要好。

2. 变压器的检测

对变压器的检测主要是测量变压器线圈的直流电阻和各绕组之间的绝缘电阻。

（1）线圈直流电阻的测量。由于变压器线圈的直流电阻很小，所以一般用万用表的 R×1 挡来测绕组的电阻值，可判断绕组有无短路或断路现象。对于某些晶体管收音机中使用的输入、输出变压器，由于它们体积相同，外形相似，一旦标识脱落，直观上很难区分，此时可根据其线圈直流电阻值进行区分。一般情况下，输入变压器的直流电阻值较大，初级多为几百欧姆，次级多为 100 ～ 200Ω；输出变压器的初级多为几十欧姆到上百欧姆，次级多为零点几欧姆到几欧姆。

（2）绕组间绝缘电阻的测量。变压器各绕组之间及绕组和铁芯之间的绝缘电阻可用500V或1000V兆欧表（摇表）进行测量。根据不同的变压器，选择不同的摇表。一般电源变压器和扼流圈应选用1000V摇表，其绝缘电阻应不小于1000MΩ；晶体管输入变压器和输出变压器用500V摇表，其绝缘电阻应不小于100MΩ。若无摇表，也可用万用表的R×10k挡，测量时，表头指针应不动（相当于电阻为∞）。

1.4 半导体分立元器件

半导体元器件主要是以硅、锗等半导体材料制作而成的电子元器件，具有体积小、质量轻、耗电少、寿命长、工作可靠等一系列优点，应用十分广泛。

1.4.1 半导体分立元器件的型号命名

按国家标准GB/T249—1989的规定，国产半导体分立元器件的型号命名由5部分组成，第1部分为半导体元器件的电极数，用数字表示，2代表二极管，3代表三极管；第2部分为半导体元器件的材料和极性，用字母表示，有A、B、C、D、E几种；第3部分为半导体的类别，用字母表示，如整流管用“整”字汉语拼音的第一个字母“Z”表示；第4部分为序号，用数字表示；第5部分为规格，用字母表示。有些特殊半导体元器件，如场效应管、复合管、激光管元器件等没有第1、第2部分，只有第3、第4、第5部分。半导体元器件型号的各部分含义如表1.9所示。

表1.9 半导体分立器件型号命名法

第1部分		第2部分		第3部分		第4部分	第5部分
用阿拉伯数字表示器件的电极数目		用汉语拼音字母表示器件的材料和极性		用汉语拼音字母表示器件的类型		用阿拉伯数字表示序号	用汉语拼音字母表示规格号
符号	意义	符号	意义	符号	意义	符号	意义
2	二极管	A	N型锗材料	P	普通型	反映了极限参数、直流参数和交流参数的差别	反映承受反向击穿电压的程度。如规格号为A，B，C，D，… 其中，A承受的反向击穿电压最低，B次之，依此类推
		B	P型锗材料	V	微波型		
		C	N型硅材料	W	稳压型		
		D	P型硅材料	C	变容型		
				Z	整流型		
				L	整流堆		
				S	隧道管		
				N	阻尼管		
				U	光电器件		
				K	开关管		
3	三极管	A	N型锗材料	X	低频小功率		
		B	P型锗材料	G	高频小功率		
		C	N型硅材料	D	低频大功率		
		D	P型硅材料	A	高频大功率		
		E	化合物材料	K	开关管		

续表

第1部分		第2部分		第3部分		第4部分	第5部分
用阿拉伯数字表示器件的电极数目		用汉语拼音字母表示器件的材料和极性		用汉语拼音字母表示器件的类型		用阿拉伯数字表示序号	用汉语拼音字母表示规格号
符号	意义	符号	意义	符号	意义	符号	意义
				T	可控整流管		
				Y	体效应器件		
				B	雪崩管		
				J	阶跃恢复管		
				CS	场效应器件		
				BT	半导体特殊器件		
				FH	复合管		
				PIN	PIN 型管		
				JG	激光管		

[例 1.5] 电路器件外壳标有 2AP9、2CZ10、3DG6 符号，它们各表示什么含义？

解：由表 1.9 可知，2AP9 为 N 型锗材料普通二极管；2CZ10 为 N 型硅材料整流二极管；3DG6 为 NPN 型硅材料高频小功率三极管。

1.4.2 半导体二极管的类型与检测

半导体二极管（简称二极管）按材料可分为硅和锗两种；按结构可分为点接触型和面接触型；按用途可分为整流管、稳压管、检波管和开关管等。常用二极管的外形及图形符号如图 1.9 所示。

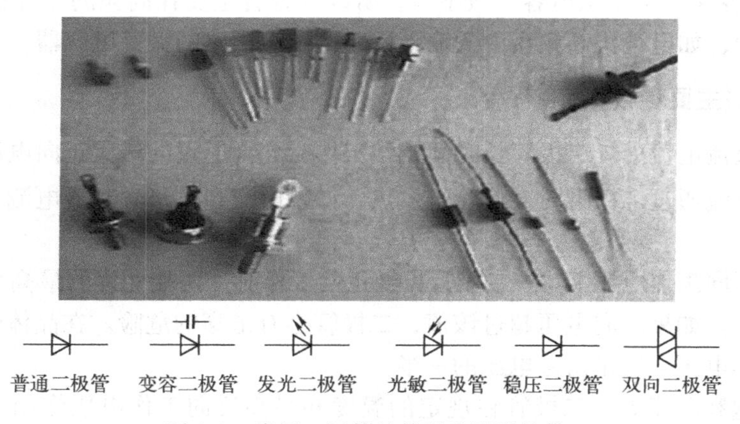

图 1.9 常用二极管的外形及图形符号

1. 常用二极管的类型

（1）整流二极管。整流二极管（简称整流管），主要用在整流电路中，即把交流电变换成脉动的直流电，工作在正向导通区和反向截止区之间。整流管为面接触型，结电容较大，因此能够通过较大的电流，但只适合在较低频率下工作（3kHz 以内）。有时也利用整流管的正向特性，当稳压管用。

（2）稳压二极管。稳压二极管（简称稳压管）主要用在直流电源和需稳压的电路中，作用是稳定电压，工作在反向击穿区，它的特点是反向击穿区的伏安特性曲线很陡（越陡，稳压性能越好），以致在较大的电流变化时其两端电压基本不变，故能实现稳压。稳压管在使用时一定要串限流电阻，防止过电流烧坏管子。

（3）发光二极管。发光二极管（简称发光管）英文名称缩写为 LED，其作用是将电信号转换成光信号，工作在正向导通区。发光管常用砷化镓或磷化镓等材料制成，材料不同，其发光颜色不同，常见的有红色、黄色、绿色、蓝色、白色等发光管，另有变色和红外发光管。发光管的外形有圆形、长方形、三角形、正方形、组合形、特殊形等，工作电流为 5 ～ 20mA，工作时压降为 1.5 ～ 3.5V。发光管使用时也要串接限流电阻。发光管广泛应用在家电、仪器等设备上，用于信息显示。

（4）光电二极管。光电二极管（简称光电管）也称光敏管，其作用是将光的强弱变化转换成电流（电压）变化，它是在反向偏压下工作的。光敏管是运用半导体的光敏特性原理制成的，其特点是：光敏管在强光下的电阻小，得到的反向电流大（称光电流或亮电流）；在黑暗下的电阻大，得到的反向电流小（称暗电流）。光电管的 PN 结面积较大，且留有透光口，常用在光电转换控制器或测光传感器中。光电管的亮、暗电流相差越大越好。

（5）检波二极管。检波二极管（简称检波管）主要用在检波电路中，它与低通滤波器一起把高频信号中的调制信号还原出来，工作区域与整流管相同。检波管为点接触型，结电容小，适合在高频小电流下工作。检波管常为锗管，采用玻璃外壳封装。

（6）变容二极管。变容二极管（简称变容管）相当于一个压控可变电容，其作用是将电压的变化转换成电容量的变化，工作在反向截止区。变容管是利用 PN 结的结电容随反向电压的升高而减小的原理制成的，如 2CB14 型变容管，当电压在 −3 ～ −25V 变化时，结电容在 20 ～ 3pF 变化。由于结电容一般不大，所以变容管主要在高频的压控振荡电路中作为谐振电容器使用，如电视机高频头中的输入回路及本振回路的振荡电容器。

2. 二极管的主要参数

（1）最大整流电流 I_F。二极管长时间正常工作时允许通过的最大正向电流，称为最大整流电流。因为电流通过二极管时会使管子发热，如果电流超过最大整流电流，二极管会因过热而烧坏。

（2）最高反向工作电压 U_{RM}。二极管长期正常工作时，两端允许的最高反向电压，称为二极管的耐压值。如果反向电压超过该值，二极管会有击穿的危险。在晶体管手册中，给出的最高反向工作电压一般是击穿电压的一半。

（3）反向饱和电流 I_S。二极管在规定的温度和最高反向工作电压作用下流过的反向电流，称为反向饱和电流。反向饱和电流越小，二极管的性能越好。反向饱和电流的大小与二极管的材料和温度有关，硅管比锗管在高温下具有较好的稳定性。

3. 二极管引脚的判别及检测

二极管的型号一般标注在二极管上，知道了型号就可以通过查晶体管使用手册知道其电参数，有的二极管在外壳上面有极性的色标，从而可判断出正、负极。二极管的质量主要是由生产厂家控制的。二极管可以用万用表测量来判断其极性和好坏。

（1）普通二极管的检测。普通二极管外壳上均印有型号和标记。标记方法有箭头、色点、色环3种，箭头所指方向或靠近色环的一端为二极管的负极，有色点的一端为正极。若型号和标记脱落，可用万用表的欧姆挡进行判别，其原理是根据二极管的单向导电性，其反向电阻远远大于正向电阻。具体检测过程如下。

① 判别极性：将万用表选在R×100挡或R×1k挡，两表笔分别接二极管的两个电极。若测出的电阻值较小（硅管为几百欧姆到几千欧姆，锗管为100Ω～1kΩ），说明是正向导通，此时黑表笔接的是二极管的正极，红表笔接的则是负极；若测出的电阻值较大（几十千欧姆到几百千欧姆），为反向截止，此时红表笔接的是二极管的正极，黑表笔为负极。

② 检查好坏：可通过测量正、反向电阻来判断二极管的好坏。一般小功率硅二极管正向电阻为几百千欧姆到几兆欧姆，锗管为100Ω～1kΩ。

③ 判别硅、锗管：若不知被测的二极管是硅管还是锗管，可根据硅管、锗管导通压降不同的原理来判别。将二极管接在电路中，当其导通时，用万用表测其正向压降，硅管一般为0.6～0.7V，锗管一般为0.1～0.3V。

（2）稳压管的检测。

① 极性的判别：与普通二极管的判别方法相同。

② 检查好坏：万用表置于R×10k挡，黑表笔接稳压管的“－”极，红笔接“＋”极。若此时的反向电阻很小（与使用R×1k挡时的检测值相比较），说明该稳压管正常。因为万用表R×10k挡的内部电压都在9V以上，可达到被测稳压管的击穿电压，使其阻值大大减小。

1.4.3 半导体三极管的类型与检测

半导体三极管又称双极型晶体管，简称三极管，是一种电流控制型元器件，最基本的作用是放大，它具有体积小、结构牢固、寿命长、耗电少等优点，被广泛应用于各种电子设备中。常用三极管的外形与图形符号如图1.10所示。

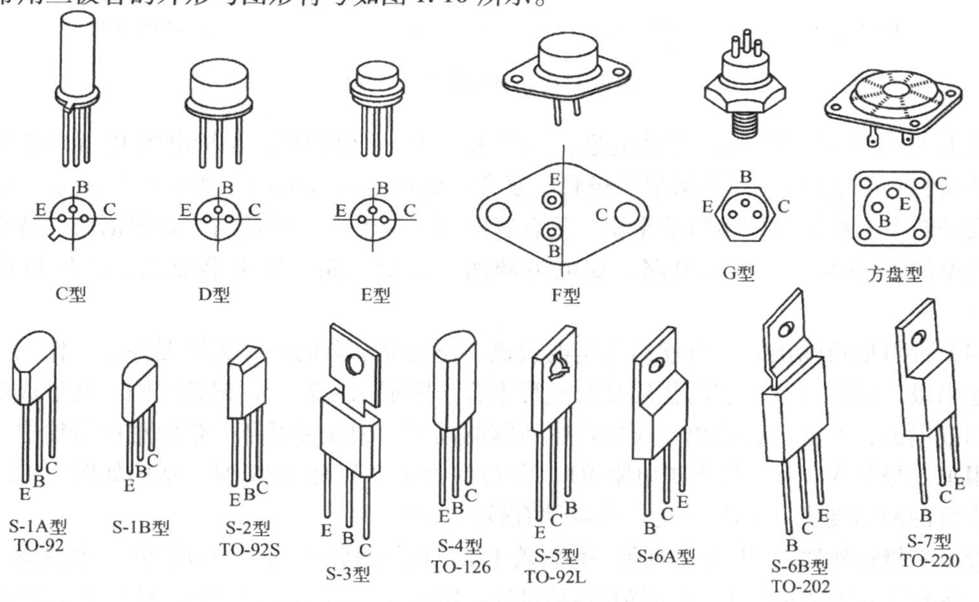

图1.10 常用三极管的外形与图形符号

1. 三极管的种类

三极管主要有 NPN 型和 PNP 型两类。一般可以根据命名法从三极管管壳上面的符号识别出它的型号和类型。例如，三极管的管壳上印的是 3DG6，表明它是 NPN 型高频小功率硅三极管。同时，为了能直观地表明三极管的放大倍数，常在三极管的外壳上标注不同的色标。可以从管壳上色标的颜色来判断管子的电流放大倍数 β 值的大致范围，如表 1.10 所示。

表 1.10 部分三极管 β 值色标表示

β 值范围	0～15	15～25	25～40	40～55	55～80	80～120	120～180	180～270	270～400	400 以上
色标	棕	红	橙	黄	绿	蓝	紫	灰	白	黑

（1）普通小功率三极管。普通小功率三极管，常见的有半圆柱形塑胶封装和帽子形金属封装，一般在小信号电路中做放大、开关和信号处理用。高频三极管为点结型，低频三极管为面结型，根据半导体材料，目前以硅管居多。

（2）普通大功率三极管。普通大功率三极管，常见的有扁平形塑胶封装和菱形铁壳封装等，外形要比小功率管大得多，电极引出脚粗大，管体上有固定散热片的螺丝孔，有些大功率管的外壳与集电极相通。大功率管用在需要大功率输出的电路中，如音响的末级功放管、电源的调整管等。

（3）达林顿管。达林顿管又称复合管，由两个三极管复合而成，有普通型和保护型两种，其内部结构如图 1.11 所示。

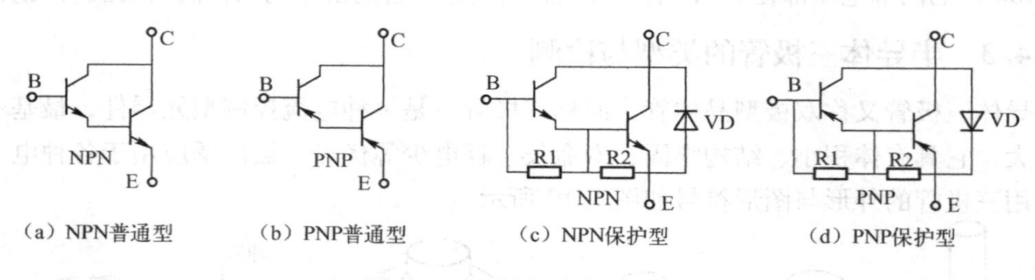

图 1.11 达林顿管内部结构

图 1.11 中（a）和（b）是普通型；（c）和（d）是保护型，保护电阻 R1 和 R2 分别是几千欧姆和几十欧姆，VD 是阻尼二极管。复合管的极性由前面的三极管极性决定，电流放大倍数是两个三极管放大倍数的乘积。复合管的开关速度快、增益高、导通彻底，特别适用于大功率的开关电路和驱动电路，如电极调速、逆变电路、继电器驱动、LED 显示屏驱动等。

（4）带阻尼行输出管。行输出管是电视机、彩色显示器的一个关键器件，工作在行描电路的输出级，简称行管，它的作用是与逆程电容、阻尼二极管、行偏转线圈一起形成锯齿波水平扫描电流，并通过行输出变压器产生所需的高压、中压和低压。带阻尼的行输出管内集成了阻尼二极管 VD 和一只保护电阻 R1，大功率管基本都是 NPN 型，结构如图 1.12 所示。行输出管的耐压要求在 1kV 以上，所以都有较大的散热片。

（5）三极管阵列。三极管阵列是一种将若干个三极管封装在一起，构成外形类似集成电路的器件，在电路中有较多应用，可以简化线路设计，如图 1.13 所示的 ULN2003 外形图与俯视图。

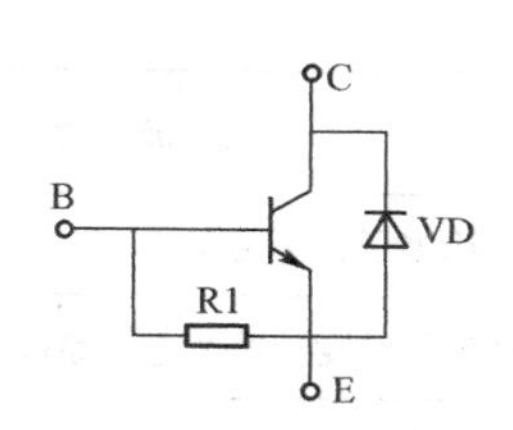

图 1.12　行输出管内部结构

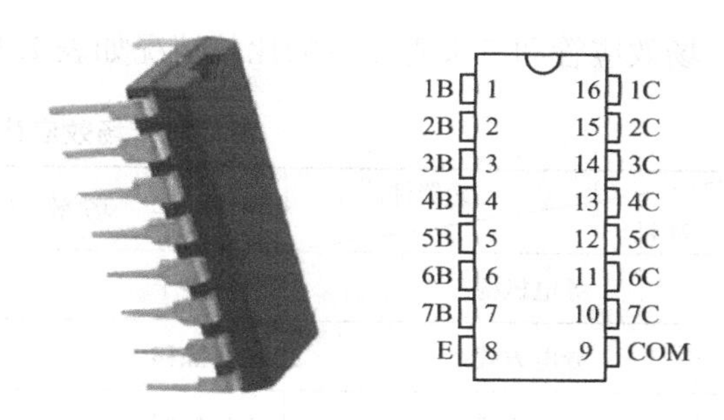

图 1.13　ULN2003 外形图与俯视图

2. 三极管的检测

常用的小功率管有金属外壳封装和塑料封装两种，可直接观测出 3 个电极——发射极（e）、基极（b）、集电极（c）。但不能只看出 3 个电极就说明管子的一切问题，仍需进一步判断管型和管子的好坏。一般可用万用表的“R×100”挡和“R×1k”挡来进行判别。

（1）基极和管型的判断。将黑表笔接任一极，红表笔分别依次接另外两极。若在两次测量中表针均偏转很大（说明管子的 PN 结已通，电阻较小），则黑笔接的电极为基极（b），同时该管为 NPN 型；反之，将表笔对调（红表笔接任一极），重复以上操作，则也可确定管子的基极（b），其管型为 PNP 型。

（2）管子好坏的判断。若在以上操作中无一电极满足上述现象，则说明管子已坏。也可用万用表的 h_{FE} 挡来进行判别。当管型确定后，将三极管插入“NPN”或“PNP”插孔，将万用表置于 h_{FE} 挡，若 $h_{FE}(\beta)$ 值不正常（如为零或大于 300），则说明管子已坏。

1.4.4　场效应管的类型与检测

场效应晶体管简称场效应管（FET），又称单极型晶体管，它属于电压控制型半导体元器件。其特点是输入电阻很高（$10^6 \sim 10^{15}\Omega$）、噪声小、功耗低、无二次击穿现象，受温度和辐射影响小，特别适用于要求高灵敏度和低噪声的电路。场效应管和三极管均能实现信号的控制和放大，但由于它们的构造和工作原理截然不同，所以二者的差别很大。在某些特殊应用方面，场效应管优于三极管，是三极管所无法替代的。

1. 场效应管的类型

场效应管分为结型（JEET）和绝缘栅型（MOS ）。结型场效应管又分为 N 沟道和 P 沟道两种；绝缘栅型场效应管除有 N 沟道和 P 沟道之分外，还有增强型与耗尽型之分。

场效应管的电路图形符号如图 1.14 所示。

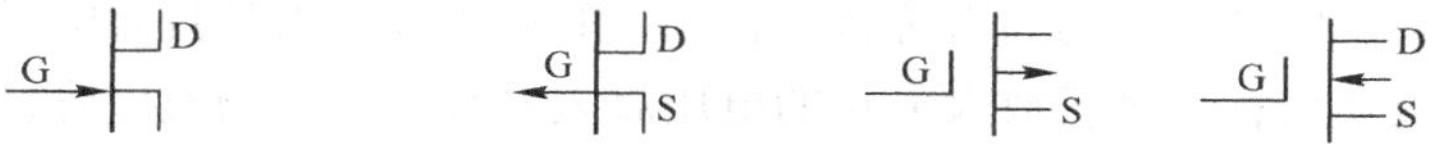

G D　　G D S　　G S　　G D S

（a）N沟道结型场效应管　（b）P沟道结型场效应管　（c）NMOS管　（d）PMOS管

图 1.14　场效应管的电路图形符号

场效应管和三极管二者的比较情况如表 1.11 所示。

表 1.11　场效应管与三极管的比较

项目 \ 元器件	场效应管	三极管
导电机构	只用多子	既用多子，又用少子
导电方式	电场漂移	载流子浓度扩散及电场漂移
控制方式	电压控制	电流控制
类型	P 沟道，N 沟道	PNP，NPN
放大参数	$G_m=1\sim6$ms	$\beta=50\sim100$ 或更大
输入电阻	$10^6\sim10^{15}\Omega$	$10^2\sim10^4\Omega$
抗辐射能力	在宇宙射线辐射下，仍能正常工作	差
噪声	小	较大
热稳定性	好	差
制造工艺	简单，成本低，便于集成化	较复杂

2. 场效应管的特点

场效应管和双极性三极管都具有放大作用，但在性能上有一定的差别，它与三极管相比具有如下特点。

（1）场效应管是电压控制器件，它通过 U_{GS}来控制 I_D；而三极管是电流控制器件，通过 I_B控制 I_C。

（2）场效应管放大信号时的输入端电流极小，因此它的输入电阻很高，能达到 $10^{10}\Omega$ 以上；而三极管放大信号时基极总有电流，所以输入电阻较小，一般为几千欧姆。因为场效应管的这个特点，所以在存放、取用、焊接时，要特别注意感应电荷可能击穿管子造成损坏。绝缘栅场效应管存放时要将 3 只引脚短路，焊接时电烙铁要可靠接地，最好拔下插头，并先焊栅极以避免栅极悬空。

（3）场效应管是利用多数载流子导电的；而三极管导电既有多数载流子也有少数载流子，因为少数载流子浓度容易受温度、辐射等影响，所以三极管的热稳定性、抗辐射等性能要比场效应管差得多。

（4）场效应管在结构上是对称的，它的漏极和源极可以互换，耗尽型绝缘栅管的栅极电压可正可负，灵活性比双极型三极管高。

（5）场效应管因其输入的高阻抗常用在电路的输入级，因其具有电子管的声音效果，常用在音响的末级功放；三极管放大电路的电压放大系数要大于场效应管，三极管的安装工艺要求低于场效应管，所以三极管在各种电路中都有广泛应用。

（6）场效应管和三极管虽然都有放大和开关功能，但场效应管还可以在微电流、低电压条件下工作，且便于集成，所以广泛应用在大规模和超大规模集成电路中。

3. 结型场效应管的检测

（1）极性及管型的判别。用万用表 R×1k 挡尝试测量，如果某只引脚与另外两只引脚之间都存在单向导电性，则该脚为栅极 G，管子是结型场效应管；如果用万用表黑表笔接栅极，红表笔分别去接另外两只引脚，若两次测出的阻值都较小，则该管为 N 沟道，否则为 P 沟道。当栅极确定后，由于结型场效应管结构上的对称性，原则上另两只引脚可任意定为源极 S 和漏极 D。

（2）好坏的判别。好的结型场效应管，其 G 极与 D 极、G 极与 S 极之间应该有单向导电性，D 极与 S 极之间的正、反向电阻应相等，为几千欧姆。可以用万用表估测结型场效应管的放大能力，方法是：在两表笔分别接 D 极和 S 极的情况下用手触及 G 极，指针应发生偏转，偏转角度越大，放大能力越强；交换表笔后再测一次，比较两次指针偏转角度大小，偏转大的那次所加到管子上的电压极性更适合管子工作，或者说这时更适宜确定 D 极和 S 极，即对于 N 沟道管这时接黑表笔的定为 D 极，P 沟道管接黑表笔的定为 S 极。

绝缘栅场效应管由于容易受到感应电压的危害，一般不用万用表检测，而用专用检测仪检测。

1.5 半导体集成电路

集成电路是采用半导体制作工艺，在一块较小的单晶硅片上制作许多晶体管及电阻器、电容器等元器件，并按照多层布线或隧道布线的方法将元器件组合成完整的电子电路。集成电路的体积小、耗电低、稳定性好，从某种意义上讲，集成电路是衡量一个电子产品是否先进的主要标志。

1.5.1 集成电路的分类及命名方法

1. 集成电路的分类

（1）按传送信号的特点可分为：模拟集成电路、数字集成电路。

（2）按有源器件可分为：双极性集成电路、MOS 型集成电路、双极型 - MOS 型集成电路。

（3）按集成度可分为：小规模集成电路（SSI）、中规模集成电路（MSI）、大规模集成电路（LSI）和超大规模集成电路（VLSI）。

（4）按封装形式可分为：晶体管式封装、扁平封装和直插式封装等。

（5）按其制作工艺可分为：半导体集成电路、薄膜集成电路、厚膜集成电路、混合集成电路等。

2. 集成电路的命名方法

半导体集成电路的型号由 5 部分组成，各部分的符号及含义如表 1.12 所示。

表 1.12　半导体集成电路型号命名方法

第1部分		第2部分		第3部分	第4部分		第5部分	
国标		电路类型		电路系列和代号	温度范围		封装形式	
符号	含义	符号	含义		符号	含义	符号	含义
C	中国制造	B	非线性电路	用数字或数字与字母混合表示集成电路系列和代号	C	0～70℃	B	塑料扁平
		C	CMOS 电路				C	陶瓷芯片载体封装
		D	音响、电视电路					
		E	ECL 电路		G	-25～70℃	D	多层陶瓷双列直插
		F	线性放大器				E	塑料芯片载体封装
		H	HTL 电路		L	-25～80℃	F	多层陶瓷扁平
		J	接口电路					
		M	存储器				G	网络阵列封装
		W	稳压器		E	-40～85℃	H	黑瓷扁平
		T	TTL 电路				J	黑瓷双列直插封装
		μ	微型机电路					
		A/D	模/数转换器		R	-55～85℃	K	金属菱形封装
		D/A	数/模转换器				P	塑料双列直插封装
		SC	通信专用电路				S	塑料单列直插封装
		SS	敏感电路		M	-55～125℃		
		SW	钟表电路				T	金属圆形封装

例如，低功耗运算放大器 CF3140CP，其含义为：国产塑料双列直插封装 MOS 放大器，其工作温度范围是 0 ～ 70℃。

1.5.2　集成电路的引脚识别

集成电路的引脚较多，且分布均匀，每一个引脚的功能各不相同，引脚的排列也有多种形式；但每一个集成电路的第一个引脚上会有一个标记，具体表示如下。

（1）圆形金属封装集成电路的引脚排列。将该集成电路的引脚朝上，从标记开始，顺时针方向依次读出引脚读数（即 1，2，3，…），如图 1.15（a）所示。

（2）双列扁平陶瓷封装或双列直插式封装集成电路的引脚排列。找出该集成电路的标记，将有标记的这一面对着观察者，最靠近标记的引脚为 1 号引脚，然后从 1 脚开始，逆时针方向依次为引脚的顺序读数，如图 1.15（b）所示。

（3）单列直插式封装集成电路的引脚排列。找出该集成电路的标记，将集成电路的引脚朝下、标记朝左，则从标记开始，从左到右依次为引脚 1，2，3，…，如图 1.15（c）所示。

（4）四边带引脚扁平封装集成电路的引脚排列。找出该集成电路的标记，将集成电路的引脚朝下，最靠近标记的引脚为 1 号引脚，然后从 1 脚开始，逆时针方向依次为引脚的顺序读数，如图 1.15（d）所示。

集成电路在使用时要注意以下几点。

（1）使用集成电路时，其各项电性能指标（电源电压、静态工作电流、功率损耗、环境温度等）应符合规定要求。

（2）在电路的设计安装时，应使集成电路远离热源。对输出功率较大的集成电路应采取有效的散热措施。

（3）进行整机装配焊接时，一般最后对集成电路进行焊接，手工焊接时，一般使用 20 ～ 30W

的电烙铁，且焊接时间应尽量短（小于10s）；避免由于焊接过程中的高温而损坏集成电路。

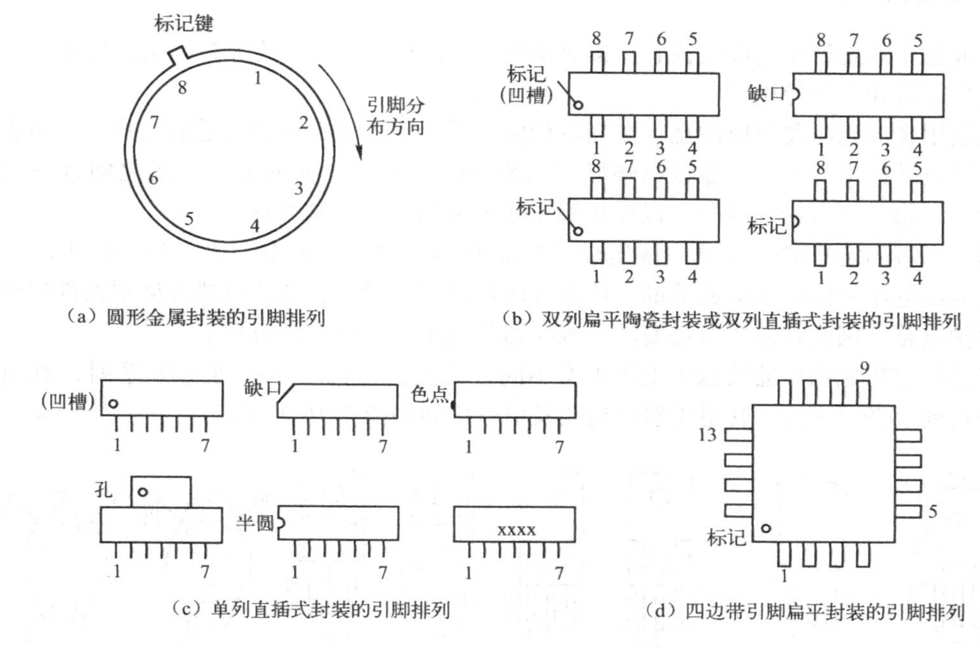

（a）圆形金属封装的引脚排列

（b）双列扁平陶瓷封装或双列直插式封装的引脚排列

（c）单列直插式封装的引脚排列

（d）四边带引脚扁平封装的引脚排列

图 1.15　集成电路的引脚识别

（4）不能带电焊接或插拔集成电路。

（5）正确处理好集成电路的空脚，不能擅自将空脚接地、接电源或悬空，应根据各集成电路的实际情况进行处理。

（6）MOS 集成电路使用时，应特别注意防止静电感应击穿。对 MOS 电路所用的检测仪器、工具及连接 MOS 块的电路，都应进行良好接地。存储时，必须将 MOS 电路装在金属盒内或用金属箔纸包装好，以防外界电场对 MOS 电路产生静电感应将其击穿。

1.5.3　模拟集成电路

模拟集成电路按用途不同可分为运算放大器、直流稳压器、功率放大器、电压比较器等。模拟集成电路与数字集成电路的差别不但表现在信号的处理方式上，而且在电源电压上的差别更大。模拟集成电路的电源电压随型号的不同而不同，而且数值较高，视具体用途而定。

1. 集成运算放大器

自从 1964 年美国制造出第一个单片集成运放 μA 702 以来，集成运算放大器（简称集成运放）得到了广泛应用，目前它已成为线性集成电路中品种和数量最多的一类。

国标统一命名法规定，集成运放各个品种的型号由字母和阿拉伯数字两部分组成。字母在首部，统一采用 CF 两个字母，C 表示国标，F 表示线性放大器，其后的数字表示集成运放的类型。例如，通用型单运算放大器 CF007（μA741），双运算放大器 F353 等。

2. 集成稳压器

集成稳压器是稳压电源的核心。集成稳压器按结构不同可分为三端固定稳压器、三端可调集成稳压器和多端稳压器。

在使用集成稳压器时应注意：在满负荷使用时，稳压块必须加合适的散热片；防止将输入端与输出端接反；当稳压器输出端接有大容量电容器时，应在 $u_i \sim u_o$ 端之间接一只保护二极管（二极管正极接 u_o 端），以保护稳压块内部的大功率调整管。

（1）三端固定集成稳压器。该集成稳压器的引出脚只有 3 个：输入端、输出端、接地端，其输出电压是固定不能调节的。该器件内部设置了过流、芯片过热及调整器件安全工作区的保护电路，因此在使用时需要的外围元器件很少，使用非常方便。

三端固定集成稳压器按输出电压类型不同分为正输出稳压器系列（78 系列）和负输出稳压器系列（79 系列）。其稳压器的封装及引脚排列如图 1. 16 所示。

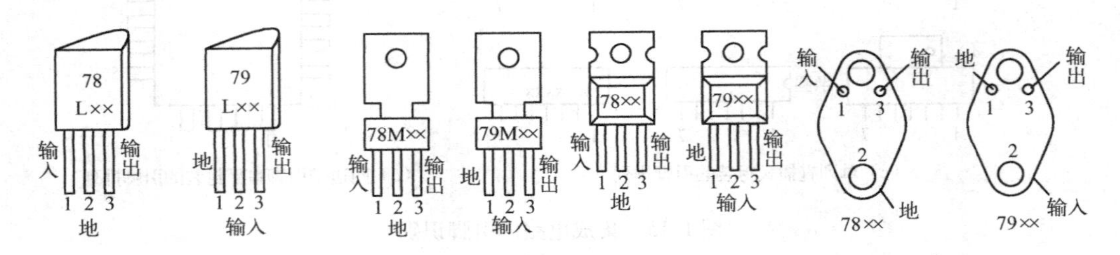

图 1. 16　三端固定集成稳压器封装及引脚排列

（2）三端可调集成稳压器。三端可调集成稳压器输出电压可调，稳压精度高，输出纹波小，只需外接两只不同的电阻，即可获得各种输出电压。三端可调集成稳压器可分为三端可调正电压集成稳压器和三端可调负电压集成稳压器。三端可调集成稳压器产品分类如表 1. 13 所示。

表 1. 13　三端可调集成稳压器产品分类

类　型	产品系列或型号	最大输出电流 I_{oM}/A	输出电压 U_o/V
正电压输出	LM117L/217L/317L	0. 1	1. 2～37
	LM117M/217M/317M	0. 5	1. 2～37
	LM117/217/317	1. 5	1. 2～37
	LM150/250/350	3	1. 2～33
	LM138/238/338	5	1. 2～32
	LM196/396	10	1. 25～15
负电压输出	LM137L/237L/337L	0. 1	－1. 2～37
	LM137M/237M/337M	0. 5	－1. 2～37
	LM137/237/337	1. 5	－1. 2～37

三端可调集成稳压器的 3 个引出端分别为输入端、输出端和调整端。其引脚排列如图 1. 17 所示。

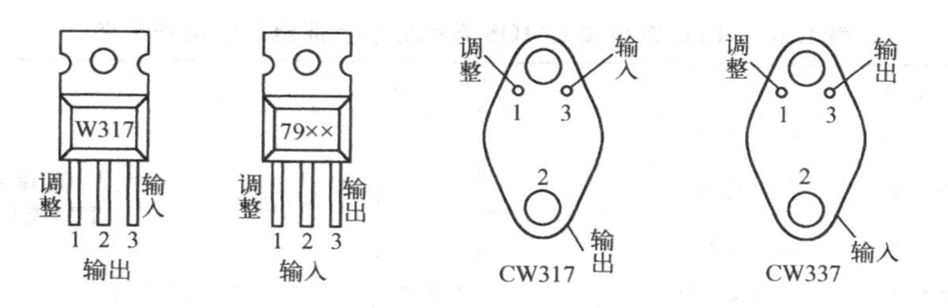

图 1.17　三端可调集成稳压器的封装引脚排列

3. 时基电路

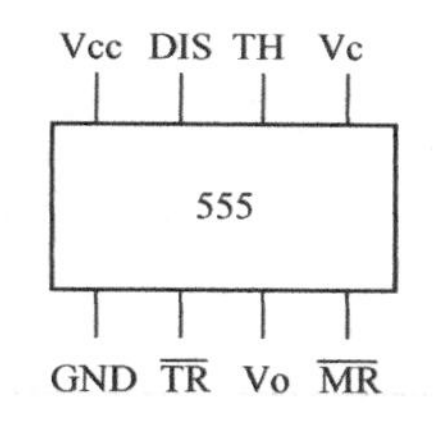

图 1.18　555 定时器的引脚排列

集成时基电路又称为集成定时器或 555 电路，是一种数字、模拟混合型的中规模集成电路，应用十分广泛。它是一种产生时间延迟和多种脉冲信号的电路，由于内部电压标准使用了 3 个 5kΩ 电阻，故取名 555 电路。其电路类型有双极型（TTL）和互补金属氧化物半导体型（CMOS）两大类，二者的结构与工作原理类似。如图 1.18 所示为 555 定时器的引脚排列。

555 时基电路具有以下几个特点。

（1）555 时基电路是一种将模拟电路和数字电路巧妙结合在一起的电路。

（2）555 时基电路可采用 4.5 ～ 15V 的单独电源，也可以和其他的运算放大器和 TTL 电路共用电源。

（3）一个单独的 555 时基电路，可以提供近 15min 的较准确的定时时间。

（4）555 时基电路具有一定的输出功率，最大输出电流为 200mA，可直接驱动继电器、小电动机、指示灯及扬声器等负载。

因此，555 时基电路可用于脉冲发生器、方波发生器、单稳态多谐振荡器、双稳态多谐振荡器、自由振荡器、内振荡器、定时电路、延时电路、脉冲调制电路、仪器仪表等各种控制电路及民用电子产品、电子琴、电子玩具等。

1.5.4　数字集成电路

数字集成电路按结构不同可分为双极型和单极型两类。其中，双极型电路根据电路结构不同又可分为电阻—晶体管电路（RTL）、二极管—三极管电路（DTL）、三极管—三极管电路（TTL）、射极耦合电路（ECL）、高抗干扰电路（HTL）等多种；单极型电路又可分为 JFET、N 型沟道 MOS 电路（NMOS）、P 型沟道 MOS 电路（PMOS）、互补型 MOS 电路（CMOS）4 种。

1. TTL 系列和 CMOS 系列数字集成电路的型号含义

目前，数字集成电路使用较多的 TTL 系列和 CMOS 系列可以对比使用，各自的型号含义如表 1.14 所示。

表 1.14　TTL 系列和 CMOS 系列数字集成电路的型号含义

类　型	产品系列	含　义	类　型	产品系列	含　义
TTL	54/74 × × ×	标准系列	CMOS	54/74 × × ×	高速系列，其速度与 TTL 或 LSTTL 门电路相当
	54/74H × × ×	高速系列			
	54/74L × × ×	低功耗系列			
	54/74S × × ×	肖特基系列		54/74HCT × × ×	与 TTL 兼容的高速系列
	54/74LS × × ×	低功耗肖特基系列			
	54/74AS × × ×	先进的肖特基系列			
	54/74ALS × × ×	先进的低功耗肖特基系列			

2. 常用的 TTL 系列和 CMOS 系列数字集成电路的类型

(1) 门电路。常用的门电路如表 1.15 所示。

表 1.15　常用 TTL 系列和 CMOS 系列门电路类型

产品系列名称对照		门电路类型
74 系列 TTL 集成电路	CMOS4000 系列集成电路（CC、CD 或 TC 系列）	
LS00	4011	2 输入端 4 与非门
LS02	4001	2 输入端 4 或非门
LS04	4069	6 反相器
LS08	4081	2 输入端 4 与门
LS32	4071	2 输入端 4 或门
LS86	4070	2 输入端 4 异或门

(2) 组合集成电路。常用的组合集成电路如表 1.16 所示。

表 1.16　常用的组合集成电路类型

集成电路型号	组合集成电路名称	集成电路型号	组合集成电路名称
74LS138	3 – 8 线译码器（多路分配器）	74LS192	同步十进制双时钟可逆计数器
74LS151	8 选 1 数据选择器（多路转换器）	74LS194	4 位双向移位寄存器
74LS153	双 4 线 – 1 线数据选择器（多路转换器）	74LS161	4 位二进制同步计数器
74LS147	10 线 – 4 线数据选择器（多路转换器）	74LS183	双全加器
74LS90	异步二 – 五 – 十进制计数器	74LS47	4 线 – 七段译码器
74LS163	8 位串入/并出移位寄存器	74LS48	4 线 – 七段译码驱动器

1.5.5　集成电路的检测

1. 电阻检测法

用万用表的欧姆挡测量集成电路各引脚对地的正、反向电阻，并与参考资料或与另一块同类型的、好的集成电路比较，从而判断该集成电路的好坏。

2. 电压检测法

对测试的集成电路通电，使用万用表的直流电压挡，测量集成电路各引脚对地的电压，将测出的结果与该集成电路参考资料所提供的标准电压值进行比较，从而判断该集成电路是否有问题。

3. 波形检测法

用示波器测量集成电路各引脚的波形，并与标准波形进行比较，从而发现是否存在问题。

4. 替代法

用一块好的同类型的集成电路进行替代测试。这种方法往往是在前几种方法初步检测之后，基本认为集成电路有问题时才采用。替代法的特点是直接、见效快，但拆焊麻烦，且易损坏集成电路和电路板。

1.6 电声器件

电声器件有很多种类，如传声器、扬声器、耳机、蜂鸣器等，它是利用电、磁的相互作用、压电效应等原理而做成的电—声转换器。

1.6.1 传声器

传声器俗称话筒、麦克风，常用传声器实物外形如图 1.19 所示。它的功能是将声音信号转换成电信号，常见的有动圈式话筒、电容式话筒、驻极体式话筒和无线式话筒。

图 1.19 常用传声器实物外形

1. 常见话筒

（1）动圈式话筒。它通过声波作用于话筒的振膜，带动置于磁场中的线圈（音圈）切割磁力线产生与声压强度变化对应的音频电流信号。动圈式话筒噪声低、失真小，无须馈送电源，使用简便，性能稳定可靠，在一般场合广泛使用。

（2）电容式话筒。它通过声波作用于话筒内的电容器极板（电容相当于空气介质的平行板电容），使极板发生振动，这时电容器的容量随声压的变化而相应变化，如果在电容的两极间加上电压，则随着声波的变化引起电路中电流的变化，将这个信号放大输出，便可得到质量相当好的音频信号。电容式话筒的灵敏度高，频率响应好，音质好。

（3）驻极体式话筒。它用驻极体材料制作话筒振膜，由于这种材料经特殊电处理后，表面被永久地驻有极化电荷，从而取代了电容传声器的极板，故取名为驻极体式话筒。因为形成的电容小，话筒的输出阻抗很高，所以话筒内接了一只场效应管做阻抗变换。驻极体式话筒非常小巧廉价，同时还具有电容式话筒的特点，被广泛应用在各种音频设备和拾音环境中。

（4）无线式话筒。无线式话筒实际上是一种小型的扩音系统。它由一台微型发射机组成。发射机又由卫星主机体电容传声器、调频电路和电源3部分组成。它采用调频方式调制信号，调制后的信号经传声器发射出去，其发射频率的范围按国家规定为100～120MHz，每隔2MHz为一个频道，避免互相干扰。无线式话筒体积小、使用方便、音质好，话筒与扩音机之间无线连接，移动自如，且发射功率小，因此在教室、舞台、电视摄制等方面得到了广泛应用。

2. 传声器的主要性能指标

（1）灵敏度。灵敏度是一个表示传声器声电转换效率的量。它是给传声器施加一个声压为0.1Pa的声信号时，传声器的开路输出电压。

（2）频响特性。频响特性表示传声器灵敏度随频率变化的特性，即传声器正常工作的频带宽度（带宽），通频带范围越宽，相差的分贝数越少，表示话筒的频响特性越好，也就是话筒的频率失真越小。

（3）指向性。指向性表示传声器对于不同方向来的声音的灵敏度，用传声器正面0°方向和背面180°方向上的灵敏度的差值来表示指向性。指向性差值大于15dB者称为强方向性话筒，各个方向拾取声音的性能一致则为全方向性话筒。

（4）输出阻抗。传声器的输出阻抗通常用1kHz信号测得，它是传声器对1kHz信号的交流内阻，以Ω为单位。阻抗为150～600Ω的传声器是低阻抗型，1～5kΩ的传声器是中阻抗型，25～150kΩ的传声器是高阻抗型。

1.6.2 扬声器

扬声器又称喇叭，其实物外形如图1.20所示。扬声器的功能是将电信号转换成声音信号。扬声器（以最常用的电动式扬声器为例）主要由纸盆、音圈、定心支片、磁体、导磁板等部分组成，其结构如图1.21所示。

1. 扬声器的分类

扬声器按振膜形状可分为锥盆式扬声器、球顶式扬声器、平板式扬声器和平膜式扬声器等；按振膜结构可分为单纸盆式扬声器、复合纸盆式扬声器、同轴式扬声器等；按振膜材料可分为纸质振膜扬声器和非纸质振膜扬声器；按驱动方式可分为电动式扬声器、压电式扬声器、电磁式扬声器、电容式扬声器等；按重放频带可分为高音扬声器、中音扬声器、低音扬声器和全频带扬声器；按磁路形式可分为内磁式扬声器、外磁式扬声器、双磁路式扬声器和屏蔽式扬声器等。

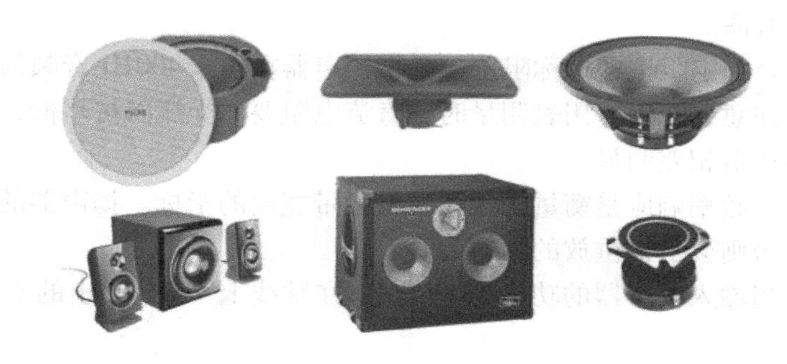

图 1.20　扬声器实物外形

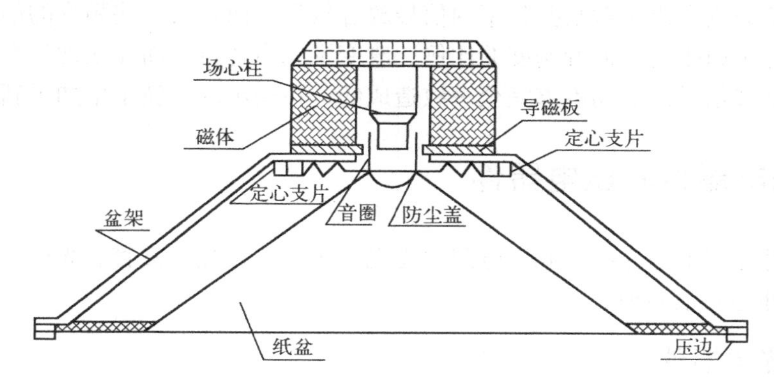

图 1.21　扬声器的结构

（1）电磁式扬声器。电磁式扬声器也称舌簧式喇叭，音频电流通过音圈后会把用软铁材料制成的舌簧磁化，磁化了的可振动舌簧与磁体相互吸引或排斥，产生驱动力，使振膜振动而发音。这种扬声器灵敏度高，但频响较窄、音质较差，现已很少使用。

（2）压电式扬声器。压电式扬声器也称蜂鸣器，利用压电陶瓷受到电场作用发生形变的原理，让音频电压作用于压电陶瓷片上使其弯曲振动，带动粘贴在一起的金属片发出音频声音。这种扬声器的体积小、质量小、价格低、音量大、省电，广泛应用于玩具、门铃、电话及报警设备中。

（3）静电式扬声器。静电式扬声器结构上是由两块极板中间夹一块振膜而组成，它是运用电场对电荷的作用原理而工作的。这种扬声器失真很小、音质很高，但价格昂贵，用在高保真音响的中、高音单元。

（4）电动式扬声器。电动式扬声器是利用磁场对通电导体的作用原理制成的。当音圈中输入音频电流信号时，会受到一个大小与音频电流成正比、方向随音频电流变化而变化的力，这样，通电的音圈就会在磁场作用下产生振动，并带动振膜及振膜前后的空气也随之振动而产生声音，这种扬声器应用最为广泛。

2. 扬声器的主要性能指标

(1) 额定功率。额定功率即标称功率，又称不失真功率，它是扬声器非线性失真不超过标准规范条件下的最大输入功率。扬声器工作时的实际功率不要超过额定功率，否则会出现声音失真甚至烧坏音圈。

(2) 额定阻抗。额定阻抗即标称阻抗，是指扬声器在输入400Hz音频信号时，从输入端测量的交流阻抗。注意，在用万用表测量时，直流电阻要比交流阻抗略低，低音扬声器两者相差不大，高音扬声器相差明显。

(3) 频率响应。频率响应是衡量扬声器放音频带宽度的指标。扬声器的频率特性曲线越平坦，频响越好，否则会引入重放的频率失真。

(4) 灵敏度。当输入扬声器的功率为1W时，在轴线上1m处测出的平均声压即扬声器的灵敏度。

(5) 失真。扬声器不能把原来的声音逼真地重放出来的现象称为失真，分为频率失真和线性失真。频率失真是由于对某些频率的信号放音较强，而对另一些频率的信号放音较弱造成的，失真破坏了原来高、低音响度的比例，改变了原声音色。而非线性失真是由于扬声器振动系统的振动和信号的波动不够完全一致造成的，在输出的声波中增加了新的频率成分。

1.7 光电器件和压电器件

电子元器件除了前面介绍的光敏电阻、光电二极管、发光二极管、光电三极管等常用的光电元器件以外还有很多种。

1.7.1 光电器件

1. LED数码管

LED数码管是目前电路中最常用的显示器件，同荧光数码管（VFD）、辉光数码管（NRT）相比，它具有体积小、功耗低、耐震动、寿命长、亮度高、单色性好、发光响应时间短等优点，且能与TTL、CMOS电路兼容。

LED数码管以发光二极管作笔段，并按照一定的方式连接成“8”字后封装而成，它有7个笔段a～g和1个小数点dp，8个二极管有共阴极和共阳极两种连接方式，如图1.22所示。

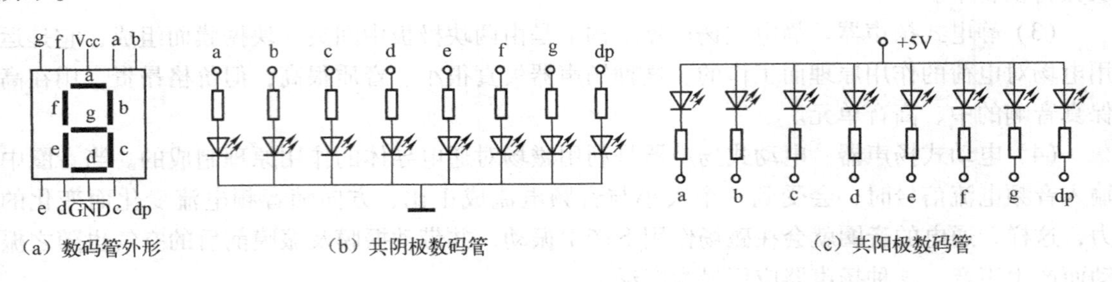

(a) 数码管外形　(b) 共阴极数码管　(c) 共阳极数码管

图1.22 七段LED数码管

使用时，共阳极数码管公共端接高电平，驱动端接低电平；共阴极数码管公共端接低电平，驱动端接高电平。LED 数码管有红色、橙色、黄色、绿色和蓝色等几种，与发光二极管一样，也有普通亮度和高亮度两种。用几个数码管可以组成多位数码显示器，根据需要改变笔段的数量、形状和位置，可以显示其他的字符、字母等。

普通 LED 数码管每笔画工作电流 I 为 5 ～ 10mA，若电流过大会损坏数码管，且亮度也不会增加多少，使用时要加限流电阻，其阻值可按式 $R=(U_o-U)/I$ 计算，其中 U_o 为 LED 数码管的工作电压，U 为笔画二极管的压降。不同颜色和型号的发光二极管压降有所不同，估算时 U 可取 2V。

LED 数码管的测量：用 3V 电池串一只 200Ω 左右的电阻后引出两根导线，对于共阳极数码管，将从电池正极引出的导线接在数码管的公共阳极上，将从负极引出的导线分别接触其他各脚（阴极），这时应该能看到各笔画被依次点亮。好的数码管各笔画都能点亮且每次只能点亮一段笔画，若出现断笔、连笔，则说明数码管已损坏；若笔画亮度不等，则说明数码管质量不好。检测共阴极数码管时，方法与上面介绍相似，不同的是需将引出的两根线对调使用。

2. 光耦合器

光耦合器是把发光器件（如发光二极管）和光敏器件（如光敏三极管）封装在一起，通过光线进行耦合实现电—光—电的转换器件。如图 1.23 所示为常用的三极管型光耦合器原理图，结构上它由发光源和受光器两部分组成，把发光源和受光器封装在同一管壳内，两者之间用透明绝缘体隔离，发光源的引脚为输入端，受光器的引脚为输出端。常见的发光源有发光二极管，受光器有光敏二极管、光敏三极管等。光耦合器的种类较多，常见的有光敏二极管型、光敏三极管型、光敏电阻型、光控晶闸管型、光电达林顿型、集成电路型等，常见的光耦合器有管式、双列直杆式等封装形式。

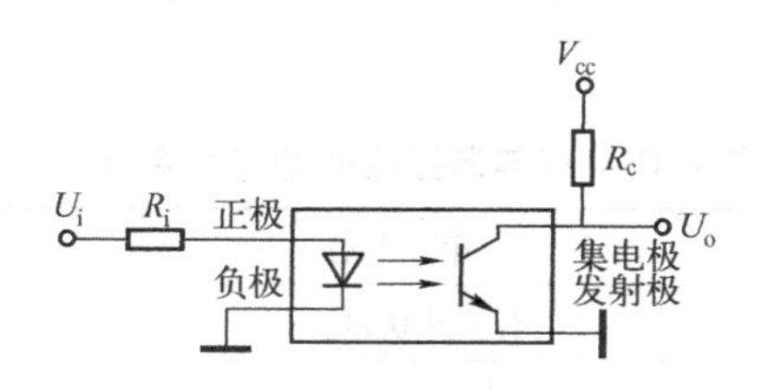

图 1.23　光耦合器原理图

光耦合器的工作原理：当光耦合器的输入端有电信号输入时，发光二极管通过电流而发光，光敏三极管受到光照后产生电流，其 CE 导通；当输入端无信号时，发光二极管不亮，光敏三极管截止，其 CE 不通。对于数字量，当输入低电平“0”时，光敏三极管截止，输出为高电平“1”；当输入为高电平“1”时，光敏三极管饱和导通，输出为低电平“0”。若其基极有引出线，则可满足温度补偿、检测调制要求。

由于光耦合器具有抗干扰能力强、使用寿命长、传输效率高等特点，可广泛用于电气隔离、电平转换、级间耦合、开关电路、脉冲放大、固态继电器、仪器仪表和微型计算机接口电路中。

1.7.2 压电器件

压电器件是利用材料的压电效应制成的器件。压电器件的应用范围很广，在通信、广播、导航、医疗、精密测量和计算、清洗、探伤、引燃引爆、高压小电流等领域有着广泛应用。常用的有石英谐振器、陶瓷滤波器和声表面波滤波器。

1. 石英谐振器

石英谐振器简称晶振，在结构上，石英谐振器是将晶体按一定的方向切割成很薄的晶片，再将晶片两个对应的表面抛光和涂敷银层，引出引脚并进行封装。给晶振加上交变电压，石英晶体薄片在外加电压形成的交变电场的作用下会产生机械振动，当交变电场的频率与晶体的固有频率相同时，晶体会出现剧烈的振动现象，这就是晶体的谐振特性。由于石英谐振器具有体积小、质量小、可靠性高、频率稳定性极高等优点，因而在家用电器和通信设备中被广泛应用。晶振的封装按电极的不同有双电极型、三电极型和双对电极型等几种；按封装材料的不同有金属封装、玻璃封装、陶瓷封装和塑料封装等。如图 1.24 所示为常见晶振的电路符号。

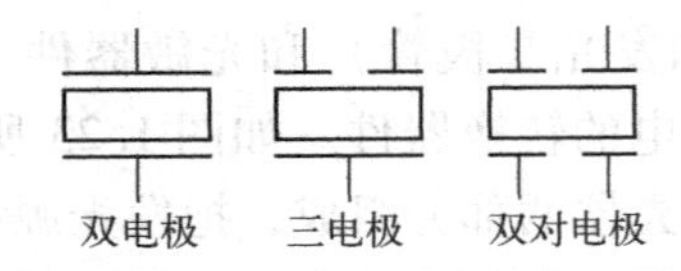

图 1.24 常见晶振的电路符号

国产晶振的型号命名方法：第 1 部分用汉语拼音表示外壳材料和形状，第 2 部分用字母表示石英片的切割方式，第 3 部分用阿拉伯数字表示晶振的主要性能参数及外形尺寸。具体含义如表 1.17 所示。

表 1.17 石英谐振器的型号命名及含义

第 1 部分		第 2 部分		第 3 部分
外壳材料和形状		石英片切割方式		主要性能参数及外形尺寸
符号	含义	符号	含义	用数字表示晶振的主要性能参数及外形尺寸
B	玻璃壳	A	AT 切割方式	
		B	BT 切割方式	
		C	CT 切割方式	
		D	DT 切割方式	
S	塑料壳	E	ET 切割方式	
		F	FT 切割方式	
		H	HT 切割方式	
		M	MT 切割方式	

续表

第1部分		第2部分		第3部分
外壳材料和形状		石英片切割方式		主要性能参数及外形尺寸
符号	含义	符号	含义	
J	金属壳	N	NT切割方式	用数字表示晶振的主要性能参数及外形尺寸
		U	音叉弯曲振动WX切割方式	
		X	伸缩振动X切割方式	
		Y	Y切割方式	

例如，JF12.000为金属外壳、FT切割方式、谐振频率为12MHz的晶振。

石英晶体的测量：用万用表R×10k挡测量各引脚之间的电阻应为无穷大，电阻较小或为零则说明该晶振已经损坏。好的晶振引脚间不通，但引脚间不通并不能说明晶振就一定是好的。

2. 陶瓷滤波器

陶瓷滤波器是利用具有压电效应的陶瓷材料制造而成的。结构上，陶瓷滤波器是将一个或多个压电陶瓷振子用金属支架固定并引出导线，再进行封装。原理上，交变信号加到陶瓷滤波器的输入端，陶瓷片随之振动，当信号频率与陶瓷片的固有振荡频率相同时，机械振幅最大，这时从输出端输出的电信号也最大。陶瓷滤波器有两个主要特性：一是能实现电能到机械能再到电能的转化；二是具有LC回路的选频作用。

陶瓷滤波器按频率特性可分为带通滤波器（又称滤波器）和带阻滤波器（又称陷波器）两类；按电极的不同有双电极、三电极和四电极等几类。陶瓷滤波器具有Q值高，幅频、相频特性好，体积小，信噪比高，工作稳定等特点，在彩色电视机、收音机等家用电器及其他电子产品中已广泛应用，主要用在选频网络、中频调谐、鉴频和滤波等电路中。

陶瓷滤波器的元件结构、基本特性、工作原理等与石英谐振器相似，只是石英谐振器的工作稳定性、频率精度等技术指标更好些。石英谐振器由于成本较高，所以一般用在频率要求十分稳定的振荡电路中，而在要求不太高的电路中常采用陶瓷滤波器。

国产陶瓷滤波器的型号中，第一个字母表示器件功能，如L表示滤波器，X表示陷波器，J表示鉴频器，Z表示谐振器；第二个字母表示材料性质，用T表示压电陶瓷，后面的数字和K（或M）表示频率大小和单位。例如，LT6.5MA为6.5MHz的压电陶瓷带通滤波器，XT4.43MA为4.43 MHz的压电陶瓷带阻滤波器。

陶瓷滤波器的好坏可用万用表检测，方法和晶振检测相似。

1.8 表面安装元器件

常见的表面安装元器件的外形如图1.25所示。近年来，它已广泛应用于计算机、通信设备和音视频产品中。表面安装元器件（SMT元器件）又称贴片元器件，或称片状元器件，包括表面安装元件SMC（Surface Mount Component）和表面安装器件SMD（Surface Mount Device）。

图 1.25　常见的表面安装元器件的外形

1.8.1　表面安装元器件的特点与分类

1. 表面安装元器件的特点

微型电子产品的广泛使用促进了 SMC 和 SMD 向微型化发展，同时，一些机电元件，如开关、继电器、滤波器、延迟线、热敏和压敏电阻，也都实现了片式化。表面安装元器件有以下几个显著特点。

(1) 在 SMT 元器件的电极上，有些焊端完全没有引线，有些只有非常小的引线；相邻电极之间的间距比传统的双列直插式集成电路的引线间距（2.54mm）小很多，IC 的引脚中心距已由 1.27mm 减小到 0.3mm；在集成度相同的情况下，SMT 元器件的体积比传统的元器件小很多，片式电阻电容已经由早期的 3.2mm × 1.6mm 缩小到 0.6mm × 0.3mm；且随着裸芯片技术的发展，BGA 和 CSP 类高引脚数器件已广泛应用到生产中。

(2) SMT 元器件直接贴装在印制电路板表面，将电极焊接在元器件同一面的焊盘上。这样，印制板上的通孔的周围没有焊盘，使印制电路板的布线密度大大提高。

(3) 表面安装不仅影响电路板上所占面积，而且也影响器件和组件的电学特性。无引线或短引线，减少了寄生电容和寄生电感，从而改善了高频特性，有利于提高使用频率和电路速度。

(4) 形状简单、结构牢固，紧贴在印制电路板表面上，提高了可靠性和抗震性；安装时没有引线打弯、剪线，在制造印制板时，减少了插装元器件的通孔；尺寸和形状标准化，能够采取自动贴片机进行自动贴装，效率高，可靠性高，便于大批量生产，而且综合成本较低。

(5) 从传统意义上来讲，表面安装元器件没有引脚或具有短引脚，与插装元器件相比，可焊性检测方法和要求是不同的，整个表面组件承受的温度较高，但表面安装引脚或端点与 DIP 引脚相比，在焊接时承受的温度较低。

当然，表面安装元器件也存在着不足之处。例如，密封芯片载体很贵，一般用于高可靠性产品，它要求与基板的热膨胀系数匹配，即使这样，焊点仍然容易在热循环过程中失效；由于元器件都紧紧贴在基板表面上，元器件与 PCB 表面非常贴近，基板上的空隙就相当小，给清洗造成困难，要达到清洁的目的，必须具有非常良好的工艺控制；元器件体积小，电阻电容一般不设标记，一旦弄乱就不容易搞清楚；元器件与 PCB 之间热膨胀系数存在差异，在 SMT 产品中必须注意到此类问题。

2. 表面安装元器件分类

表面安装元器件基本上都是片状结构。这里所说的片状结构是个广义的概念，从结构形状上说，包括薄片矩形、圆柱形、扁平形等。表面安装元器件同传统元器件一样，也可以从功能上分类为无源器件、有源器件和机电器件 3 类，如表 1.18 所示。

表 1.18　表面安装元器件按功能分类

类　　别	封装器件	种　　类
无源器件	电阻器	厚膜电阻器、薄膜电阻器、热敏器件、电位器
	电容器	多层陶瓷电容器、有机薄膜电容器、云母电容器、片式钽电容器等
	电感器	多层电感器、线绕电感器、片式变压器等
	复合器件	电阻网络、电容网络、滤波器等
有源器件	分立组件	二极管、晶体管、晶体振荡器等
	集成电路	片式集成电路、大规模集成电路等
机电器件	开关、继电器	钮子开关、轻触开关、簧片继电器等
	连接器	片式跨接线、圆柱形跨接线、接插件连接器等
	微电机	微型微电机等

1.8.2　片式无源元件与有源元件

1. 片式 SMC 元件

SMC 包括片状电阻器、电容器、滤波器和陶瓷振荡器等。单片陶瓷电容器、钽电容器和厚膜电阻器为最主要的无源元件，它们一般呈矩形或圆柱形，其表面安装形式已获得广泛应用。

SMC 特性参数的数值系列与传统元件的差别不大，标准的标称数值有 E6，E12，E24 等。长方体 SMC 是根据其外形尺寸的大小划分成几个系列型号的。矩形表面安装元器件的尺寸规格由 4 个数字和一些符号表示，现有两种表示方法，欧美产品大多采用英制系列，日本产品采用公制系列，我国两种系列都在使用。

在表面安装元器件的规格表示中，前两位数字表示表面安装元器件的长度，后两位数字表示其宽度，符号表示元器件的种类，典型的 SMC 系列的外形尺寸意义如表 1.19 所示。

表 1.19　典型的 SMC 系列的外形尺寸意义

公制/英制型号	长 L（mm/in）	宽 M（mm/in）	额定功率 P（W）	最大工作电压 U（V）
3225/1210	3.2/0.12	2.5/0.10	1/3	200
3216/1206	3.2/0.12	1.6/0.06	1/4	200
2012/0805	2.0/0.08	1.25/0.05	1/8	150
1608/0603	1.6/0.06	0.8/0.03	1/10	50
1005/0402	1.0/0.04	0.5/0.02	1/16	50

例如：

（1）公制系列2012C的意义是：对应的是英制系列0805的矩形贴片电容，其规格尺寸为：长 $L=2.0\text{mm}$（0.08in），宽 $W=1.25\text{mm}$（0 05in）；参数特性是：额定功率为1/8W，最大工作电压为150V。

（2）公制系列3216R的意义是：对应的是英制系列1206的矩形贴片电阻，其规格尺寸为：长 $L=3.2\text{mm}$（0.12in），宽 $W=1.6\text{mm}$（0.06in）；参数特性是：额定功率为1/4W，最大工作电压为200V。

2. 片式有源元件

为适应SMT的发展，各类半导体器件，包括分立器件中的二极管、晶体管、场效应管，集成电路的小规模、中规模、大规模、超大规模，甚至大规模集成电路及各种半导体器件，如气敏、色敏、压敏、磁敏和离子敏等器件，正迅速地向表面组装化发展，成为新型的表面组装器件（SMD）。

SMD的出现对推动SMT的进一步发展具有十分重要的意义。这是因为，SMD的外形尺寸小，易于实现高密度安装；精密的编带包装适宜高效率地自动化安装；采用SMD的电子设备，体积小、质量轻，性能得到改善，整机可靠性获得提高，生产成本降低。SMD与传统的SIP及DIP器件的功能相同，但封装结构不同。

表面组装技术提供了比通孔插装技术更多的有源封装类型。例如，在DIP中，只有3个主要的本体尺寸300mil、400mil和600mil，中心间距为100mil。陶瓷封装和塑料封装的封装尺寸和引脚结构都一样。与之相比，表面组装却要复杂得多。

1.8.3 常用贴片元件的参数与标识方法

贴片元件由于体积小、自感系数小，安装容易（底板无须打孔），因而被广泛采用。但由于体积小，故型号或数值不可能完全标出，只能用代码表示。常见的贴片元件有贴片电阻、贴片电容、贴片二极管、贴片电感和贴片集成电路。

1. 贴片电阻

贴片电阻有长方形和圆柱形两种，如图1.26所示。

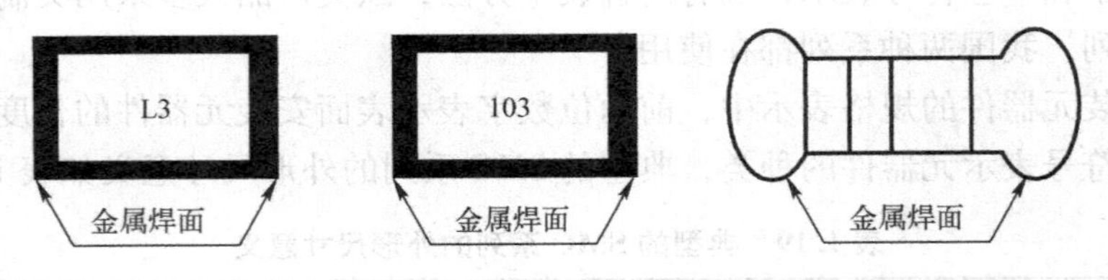

图1.26 贴片电阻的外形轮廓及表面标注形式

其中，矩形贴片电阻基体为黄棕色，其阻值代码用白色字母或数字标注。贴片式电阻有5种参数，即尺寸、阻值、允差、温度系数及包装方式。

（1）贴片电阻的标注法。长方形贴片电阻的阻值标注在表面，通常用三位数来表示。其中，左边第1个数表示阻值的第1位有效值；第2个数表示阻值的第2位有效值；第3个数代表阻值的倍率，单位为欧姆。

例如：223 表示该电阻标称值为 $22\times10^3=22k\Omega$；

221 表示该电阻标称值为 $22\times10^1=220\Omega$；

220 表示该电阻标称值为 $22\times10^0=22\Omega$。

当阻值小于 10Ω 时，以 R 代表 Ω。例如，2R2 表示 2.2Ω，5R6 表示 5.6Ω，R22 表示 0.22Ω。

国内贴片电阻的命名方法如下：

例如：5%精度的命名：RS-05K102JT；1%精度的命名：RS-05K1002FT。

R：表示电阻。

S：表示功率。例如，0402 是 1/16W；0603 是 1/10W；0805 是 1/8W。

05：表示尺寸（英寸）。例如，02 表示 0402；03 表示 0603；05 表示 0805；06 表示 1206。

K：表示温度系数为 100PPM。

102：用 5%精度阻值表示法。即前两位表示有效数字，第三位表示有多少个零，基本单位是 Ω，102 = 1000Ω = 1kΩ。

1002：用 1%阻值表示法。即前三位表示有效数字，第四位表示有多少个零，基本单位是 Ω，1002 = 10000Ω = 10kΩ。

J：表示精度为 5%。

F：表示精度为 1%。

T：表示编带包装。

（2）E-24 系列标注方法。

采用 E-24 标注法，前两位代表电阻值的有效数字，第三位数 n 表示倍乘 10^n（即有效值后 0 的个数），精度为 ±2%（G）、±5%（J）和 ±10%（K）。

例如，470 表示该电阻标称值为 $47\times10^0=47\Omega$；

103 表示该电阻标称值为 $10\times10^3=10k\Omega$。

如果电阻值小于 10Ω 时，用 R 代表电阻的阻值欧姆单位，用 m 代表电阻的阻值毫欧姆单位。整数部分在阻值单位前面，小数部分在阻值单位后面。

例如：1R0 = 1.0Ω；R20 = 0.20Ω；5R1 = 5.1Ω；R007 = 7.0mΩ；4m7 = 4.7mΩ。

（3）E-96 系列标注方法。

采用 E-96 系列标注法，前三位代表电阻值的有效数字，第四位数 n 表示倍乘 10^n（即有效值后 0 的个数），精度为 ±1%（F）。

例如，4700 表示该电阻标称值为 $470\times10^0=470\Omega$；

1003 表示该电阻标称值为 $100\times10^3=100k\Omega$；

2203 表示该电阻标称值为 $220\times10^3=220k\Omega$。

如果电阻值小于 10Ω 时，用 R 代表电阻的阻值欧姆单位，用 m 代表电阻的阻值毫欧姆单位。整数部分在阻值单位前面，小数部分在阻值单位后面。

例如，1R00 = 1.00Ω；R200 = 0.200Ω；5R10 = 5.10Ω；R007 = 7.00mΩ；4m70 = 4.70mΩ。

关于圆柱形贴片电阻的阻值标注方法与传统带引线电阻的色环表示法完全相同，在此不再赘述。

2. 贴片电容

贴片陶瓷电容与贴片电阻极其相似，其外形轮廓及表面标注形式如图 1.27 所示，但略薄一些，且参数标注方法不同，这是两者之间的区别。

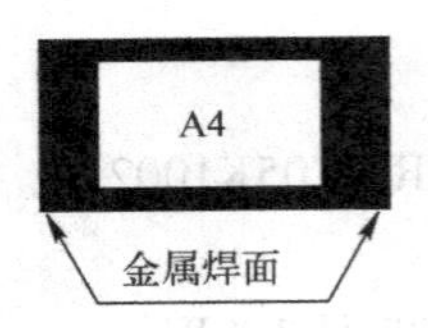

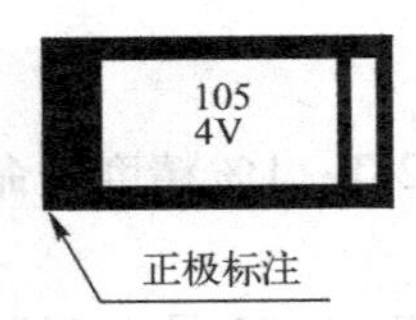

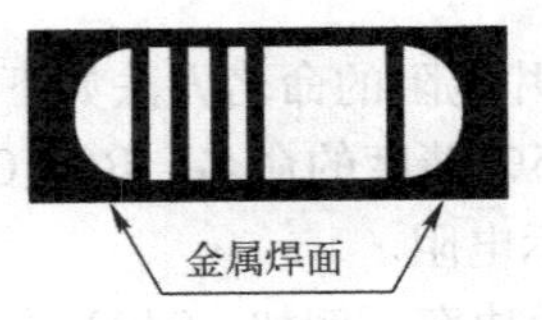

图 1.27　贴片电容的外形轮廓及表面标注形式

贴片陶瓷电容参数命名方法有很多种，常见的形式如下：

CC4312	CH	222	K	200	WT
代号	温度特性	容量	误差	耐压	包装

容量的表示方法与贴片电阻相似，前两位表示有效数，第三位数表示有效数后 0 的个数，单位为 pF。贴片陶瓷电容耐压有低压和中高压两种，低压电容耐压一般有 50V、100V 两挡；中高压电容有 200V、300V、500V、1000V 等多种。另外，贴片陶瓷电容贴装时无正负极朝向要求。

例如，222 表示该电容标称值为 $22 \times 10^2 = 2200$pF；

2P2 表示该电容标称值为 2.2pF。

贴片钽电解电容容量从 0.1 ～ 330μF 不等，耐压为 4 ～ 50V。其表面印有极性标志，有横标端为正极。容量表示方法与贴片陶瓷电容相同，如 104 表示 $10 \times 10^4 = 100000$pF，即 0.1μF。

3. 贴片电感

贴片电感有线绕式和非线绕式（如多层片状电感）两类，并且有多种结构用于满足不同的需要。不同的品种及不同厂家的产品，其型号中的参数也不一样。其主要参数有类型、尺寸、电感量、允差与包装。

（1）尺寸。不同结构、电感量的电感，其尺寸不同。多层片状电感尺寸较小，有 0603、0805、1206 几种。线绕式电感的尺寸范围较宽，有 1206、1210、2525 等十几种（EIA（美国电子工业协会）尺寸代码）。有些电感也采用 6 位数表示其尺寸，这 6 位数字分别表示其长 × 宽 × 高（mm），如 565050 表示其长、宽、高的尺寸为 5.6mm × 5.0mm × 5.0mm。

（2）电感量及代码。采用不同结构和材料的电感器，其电感量的范围是不同的。如多层片状电感，所用材料的代码为 A 的，其电感量为 0.047 ～ 1.5μH；材料代码为 M 的，其电感量为 2.2 ～ 100nH。线绕式电感量范围为 10nH ～ 10mH。目前应用的电感量范围主要在 5nH ～ 1mH 之间。

电感量代码也由三位数表示，如表 1.20 所示。

表 1.20　电感量代码

代　　码	电　感　量	说　　明
47N	47nH（0.047μH）	表中 N 表示 nH，当有小数点时，N 还表示小数点。如 3N3 表示 3.3nH。在以 μH 为单位时，R 表示小数点。如 3R3 表示 3.3μH
R15	0.15μH	
1R0	1.0μH	
100	10μH	
331	330μH	

（3）允差。电感的允差如表 1.21 所示。线绕式电感的精度可以做得高一些，有 G、J 级，但也有要求低的，如 K、M 级，而薄膜电感、多层电感的精度较低，一般为 K、M 级。

表 1.21　电感的允差

级别	G	J	K	M	N	C	S	D
允差	±2%	±5%	±10%	±20%	±30%	±0.2nH	±0.3nH	±0.5nH

（4）包装。有散装和带状卷装两种。需要指出的是，电感元件中频率特性这一参数最为重要，但在型号中未反映出频率特性。目前，一般将电感按频率分成两类：高频电感和中低频电感。高频电感的电感量较小，一般电感量范围为 0.005 ～1μH，而中低频电感的电感量范围较大。

另外，电感的一些电特性，如 Q 值、自谐振频率、直流电阻、额定电流等参数在型号中也未反映出来，需要从具体厂家资料中查找。

4. 贴片二极管与三极管

贴片二极管分为片状二极管和无引线圆柱形二极管两种，如图 1.28 所示。它们的识别方法与普通带引线二极管一样。

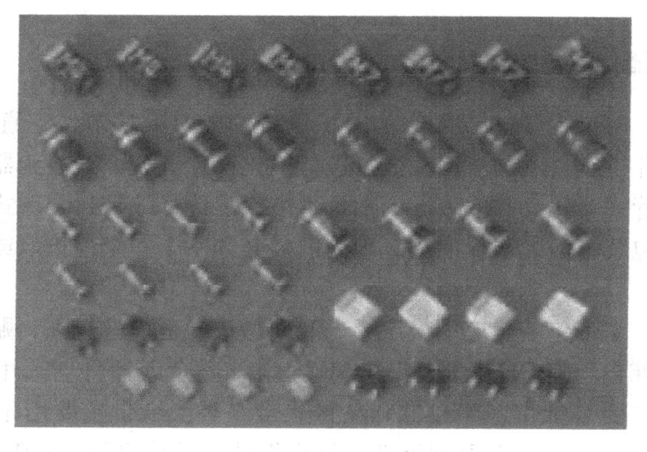

图 1.28　贴片二极管的外形

贴片三极管系列种类繁多，主要有带阻三极管（在一个封装中有一个三极管及一个或两个电阻）、复合双三极管（在一个封装中有两个三极管，并有各种组合）和复合带阻双三极管（在一个封装中有两个三极管，并带一个或两个电阻）。其特点是封装尺寸较小，使用它构成的电路更为简单，并可增加安装密度，减小产品的尺寸。与对应的带引脚的三极管相比，具有体积小、耗散功率也小的特点，其他参数则变化不大。

5. 贴片集成电路

贴片集成电路分为 SO、SOL、QFP、PLCC 封装等几种形式，如图 1.29 所示。SOL 封装其实是双列直插式封装电路的变形，QFP 方形扁平封装集成电路引线较多。集成电路引脚识别的方法是从有标记圆点处认起，正对圆点的为①脚，其他各引脚面对器件型号标印面，逆时针方向依次计数。

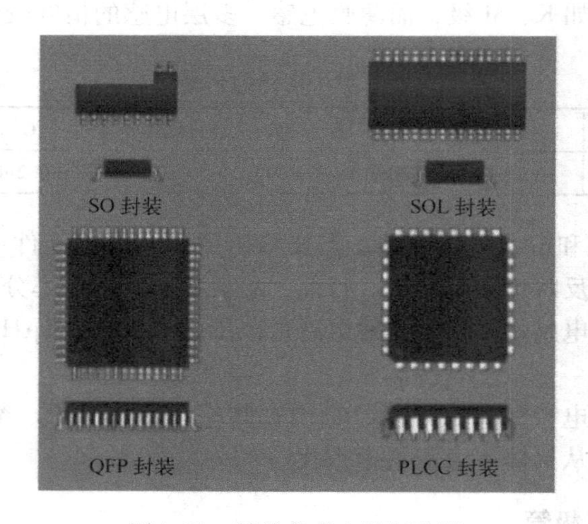

图 1.29 贴片集成电路封装图

1.8.4 SMD/SMC 的使用

1. 表面安装元器件的包装方式

表面安装元器件的包装形式已经成为 SMT 系统中的重要环节，它直接影响组装生产的效率，必须结合贴片机送料器的类型和数目进行优化设计。表面安装元器件的包装形式主要有 4 种，即编带、管式、托盘和散装。大批量生产建议选择编带封装形式；低产量或样机生产，建议选择管式包装；散装很少使用，因为散装必须一个一个地拾取或需要装配设备重新进行封装。

（1）编带包装。编带包装是应用最广泛、时间最久、适应性较强、贴装效率较高的一种包装形式，并已标准化。除 QFP、PLCC 和 LCCC 外，其余元器件均采用这种包装方式。编带包装所用的编带主要有纸带、塑料带和粘接式带 3 种。纸带主要用于包装片式电阻、电容；塑料带用于包装各种片式无引脚组件、复合组件、异性组件、SOT、SOP、小尺寸 QFP 等片式组件。

（2）管式包装。管式包装主要用于包装矩形片式电阻、电容及某些异形和小型器件，主要用于 SMT 元器件品种很多且批量小的场合。包装时将元件按同一方向重叠排列后一次装入塑料管内（一般100～200只/管），管两端用止动栓插入贴片机的供料器上，将贴装盒罩移开，然后按贴装程序，每压一次管就给基板提供一只片式元件。

管式包装材料的成本高，且包装的元件数受限。同时，若每管的贴装压力不均衡，则元件易在细狭的管内被卡住。但对表面安装集成电路而言，采用管式包装的成本比托盘包装要低，不过贴装速度不及编带方式。

（3）托盘包装。托盘包装是用矩形隔板使托盘按规定的空腔等分，再将元器件逐一装入盘内，一般50只/盘，装好后盖上保护层薄膜。托盘有单层、3层、10层、12层、24层自动进料的托盘送料器。这种包装方法开始应用时，主要用来包装外形偏大的中、高、多层陶瓷电容。目前，也用于包装引脚数较多的SOP和QTP等器件。

托盘包装的托盘有硬盘和软盘之分。硬盘常用来包装多引脚、细间距的QTP器件，这样封装体引出线不易变形。软盘则用来包装普通的异形片式元件。

（4）散装。散装是将片式元件自由地封入成形的塑料盒或袋内，贴装时把塑料盒插入料架上，利用送料器或送料管使元件逐一送入贴片机的料口。这种包装方式成本低、体积小，但适用范围小，多为圆柱形电阻采用。

SMT元器件的包装形式也是一项关键的内容，它直接影响组装生产的效率，必须结合贴片机送料器的类型和数目进行最优设计。

2. 表面组装器件的保管

表面组装器件一般采用陶瓷封装、金属封装和塑料封装。前两种封装的气密性较好，不存在密封问题，器件能保存较长的时间。对于塑料封装的SMD产品，由于塑料自身的气密性较差，所以要特别注意塑料表面组装器件的保管。

绝大部分电子产品中所用的IC器件，其封装均采用模压塑料封装，其原因是大批量生产易降低成本。但由于塑料制品有一定的吸湿性，因而塑料器件（SOJ、PLCC、QFP）属于潮湿敏感器件。由于通常的再流焊或波峰焊都是瞬时对整个SMD加热，等焊接过程中的高热施加到已经吸湿的塑封SMD壳体上时，所产生的热应力会使塑壳与引脚连接处发生裂缝。裂缝会引起壳体渗漏并受潮而慢慢地失效，还会使引脚松动从而造成过早失效。

（1）塑料封装表面组装器件的储存。在塑料封装的表面组装器件存储和使用中应注意：库房室温低于40℃，相对湿度小于60%，这是塑料封装表面组装器件储存场地的环境要求；塑料封装SMD出厂时，都被封装于带干燥剂的包装袋内，并注明其防潮湿有效期为一年，不用时不开封。

（2）塑料封装表面组装器件的开封使用。开封时先观察包装袋内附带的湿度指示卡。当所有黑圈都显示蓝色时，说明所有的SMD都是干燥的，可以放心使用；当10%和20%的圈变成粉红色时，也是安全的；当30%的圈变成粉红色时，即表示SMD有吸湿的危险，并表示干燥剂已经变质；当所有的圈都变成粉红色时，即表示所有的SMD已严重吸湿，贴装前一定要对该包装袋中所有的SMD进行驱湿烘干处理。

（3）包装袋开封后的操作。SMD的包装袋开封后，应遵循下列要求从速取用。生产场地的环境：室温低于30℃、相对湿度小于60%；生产时间极限为：QFP为10h，其他（SOP、SOJ、PLCC）为48h（有些公司为72h）。

所有塑封SMD，当开封时发现湿度指示卡的湿度为30%以上或开封后的SMD未在规定的时间内装焊完毕，以及超期储存SMD等情形时，在贴装前一定要先进行驱湿烘干。烘干方法分为低温烘干法和高温烘干法。

低温烘干法中的低温箱温度为40℃±2℃，适用的相对湿度小于5%，烘干时间为19h；高温烘干法中的烘箱温度为125℃±5℃，烘干时间为5～8h。

凡采用塑料管包装的SMD（SOP、SOJ、PLCC、QFP等），其包装管不耐高温，不能直接放进烘箱中烘烤，应另行放在金属管或金属盘内才能烘烤。

QFP的包装塑料盘有不耐高温和耐高温两种。耐高温的可直接放入烘箱中进行烘烤；不耐高温的不能直接放入烘箱烘烤，以防发生意外，应另放于金属盘进行烘烤。转放时应防止损伤引脚，以免破坏其共面性。

（4）剩余SMD的保存方法。配备专用低温低湿储存箱，将开封后暂时不用的SMD连同送料器一起存放在箱内。但配备大型专用低温低湿储存箱的费用较高，也可利用原有完好的包装袋，只要袋子不破损且内装干燥剂良好，仍可将未用完的SMD重新装回袋内，然后用胶带封口。

1.8.5 表面安装元器件的使用要求

SMT在电路安装生产中成为电子工业的重要技术，原因在于SMC和SMD的体积小、质量小、互连性好、组装密度高、寄生阻抗小、高频性能好、抗冲击震动性能高、具有良好的自动化生产程度，可大幅提高生产效率，现在SMD已经广泛用于个人计算机、程控交换机、移动电话、寻呼机、对讲机、电视机、VCD、数码相机等为数众多的电子产品中。目前，世界发达国家SMC和SMD的片式化率已达到70%以上，全世界平均片式化率达到40%，而中国的片式化率还不到30%，因此应将SMT、SMD、SMC等新工艺和新型电子元器件作为电子工业的发展重点。

采用SMT工艺与过去传统的“插件+手工焊”工艺对生产设备的要求和元器件的选用、PCB的设计、工艺、工序的安排有很大的不同，在设计时应全盘考虑，统一规划。设计质量不仅由电路设计的先进性和电路原理的可行性决定，同时要统筹安排SMC和SMD的选择、PCB设计和板上布局、工艺流程的先后次序及合理安排等，即电子元器件的采购和生产制造工艺在设计初期就应融于设计师的主导思想中，并落实在具体产品生产中。

1.9 开关件与接插件

1.9.1 开关件的分类及主要参数

在电子设备中，开关主要起电路的接通、断开或转换作用。它是组成电路不可缺少的一部分。部分开关件的实物外形如图1.30所示。

1. 开关件的分类

开关件的种类很多，常见的有以下几种。

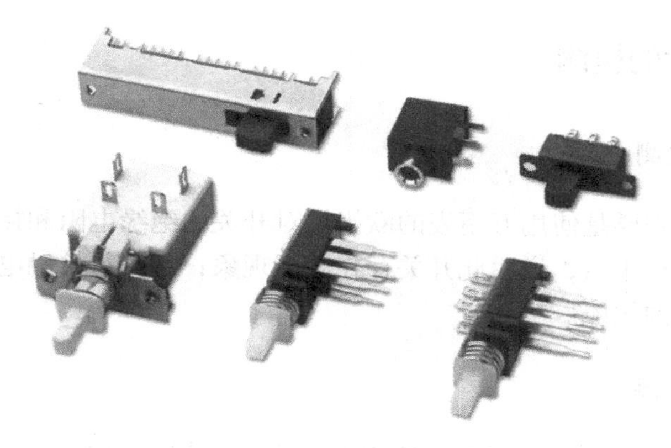

图 1.30　部分开关件的外形

（1）按控制方式来分，可分为机械开关（如按键开关、拉线开关等）、电磁开关（如继电器等）、电子开关（如二极管、三极管构成的开关管等）。

（2）按接触方式来分，可分为有触点开关（如机械开关、电磁开关等）和无触点开关（如电子开关等）。

（3）按机械动作的方式来分，可分为按动开关、旋转开关、拨动开关等。

（4）按结构来分，可分为单刀单掷开关、单刀数掷开关、多刀单掷开关和多刀数掷开关等。

2. 开关件的作用

开关件的主要作用是接通、断开和转换。有些开关是靠人工手动来控制的，如机械开关，其特点是直接、方便、使用范围广，但开关速度慢，使用寿命短；有些开关是靠电流来控制的，如电磁开关，其特点是用小电流可以控制大电流或高电压的自动转换，常用在自动化控制设备和仪器中，起自动调节、自动操作、安全保护等作用；有些开关是靠信号来控制的，如电子开关，其特点是体积小、开关转换速度快、易于控制、使用寿命长。

3. 开关件的主要参数

（1）额定工作电压。额定工作电压是指开关断开时，开关承受的最大安全电压。若实际工作电压大于额定电压，则开关会被击穿，造成损坏。

（2）额定工作电流。额定工作电流是指开关接通时，允许通过开关的最大工作电流。若实际工作电流大于额定电流，则开关会因电流过大而被烧坏。

（3）绝缘电阻。绝缘电阻是指开关断开时，开关两端的电阻值。性能良好的开关，该电阻值应为100MΩ以上。

（4）接触电阻。接触电阻是指开关闭合时，开关两端的电阻值。性能良好的开关，该电阻值应小于0.02Ω。

（5）使用寿命。使用寿命是指在正常的工作状态下，开关使用的工作次数。一般机械开关为5000～10000次，高可靠开关可达到5×10^4～5×10^5次。

1.9.2 开关件的检测

1. 机械开关的检测

对于机械开关，主要是使用万用表的欧姆挡对开关的绝缘电阻和接触电阻进行测量。若测得绝缘电阻小于几百千欧，说明此开关存在漏电现象；若测得接触电阻大于0.50Ω，说明此开关存在接触不良的故障。

2. 电磁开关的检测

对于电磁开关（继电器），主要是使用万用表的欧姆挡对开关的线圈、开关的绝缘电阻和接触电阻进行测量。继电器的线圈电阻一般在几十欧至几千欧之间，其绝缘电阻和接触电阻值与机械开关基本相同。将测量结果与标准值进行比较，即可判断出继电器的好坏。

3. 电子开关的检测

对电子开关的检测，主要是通过检测二极管的单向导电性和三极管的好坏来初步判断电子开关的好坏。

1.9.3 接插件及其检测

接插件又称连接器，是用来在器件与器件之间、电路板与电路板之间、器件与电路板之间进行电气连接的元器件，是电子产品中用于电气连接的常用器件。接插件通常由插头（又称公插头）和插口（又称母插头）组成。接插件的外形如图1.31所示。

理想的接插件应该接触可靠，具有良好的导电性、足够的机械强度、适当的插拔力和很好的绝缘性，插接点的工作电压和额定电流应当符合标准，满足要求。

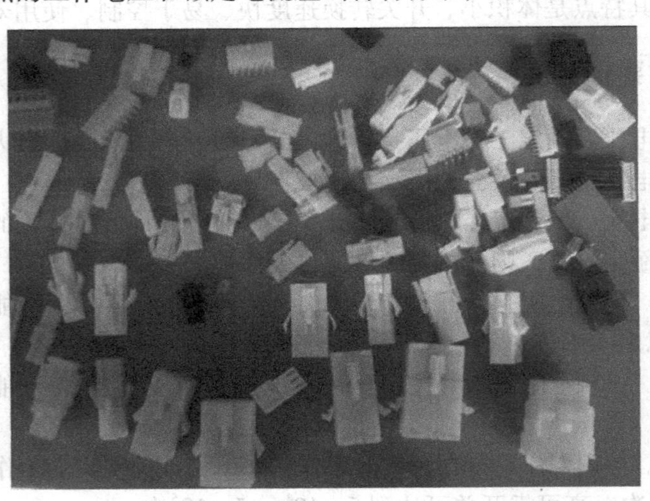

图1.31 接插件的外形

1. 接插件的种类

接插件的种类很多。按使用频率分，有低频接插件（适合在100MHz以下的频率使用）和高频接插件（适合在100MHz以上的频率使用）。高频接插件常采用同轴电缆的结构，以避免信号的辐射和相互干扰。

按用途来分，接插件有电源接插件（或称电源插头、插座）、耳机接插件（或称耳机插头、插座）、电视天线接插件、电话接插件、电路板接插件和光纤光缆接插件等。

按结构形状来分，接插件有圆形接插件、矩形接插件、条形接插件、印制板接插件、IC接插件和带状电缆接插件（排插）等。

2. 接插件的检测

对接插件的检测，一般采用外表直观检查和万用表测量检查两种方法。通常的做法是：先进行外表直观检查，然后再用万用表进行检测。

（1）外表直观检查。这种方法用来检查接插件是否有引脚相碰、引线断裂的现象。若外表检查无上述现象且需进一步检查时，采用万用表进行测量。

（2）万用表检测。使用万用表的欧姆挡对接插件的有关电阻进行测量。对接插件的连通点测量时，连通电阻值应小于0.5Ω，否则认为接插件接触不良。对接插件的断开点测量时，其断开电阻值应为无穷大，若断开电阻接近零，说明断开点之间有相碰现象。

任务与实施

1. 任务

元器件的选择与测试。

2. 任务实施器材

（1）电子产品原理图一份（如图1.32所示），相应的电子产品如图1.33所示。
（2）各种类型、不同规格的新元器件（应包括任务要求所需的元器件）。
（3）各种类型、不同规格的已经损坏的元器件。
（4）每人配备指针式万用表和数字式万用表各一只。
（5）元器件手册。

3. 任务实施过程

（1）拆卸电子产品上的元器件。
（2）根据原理图查阅资料，确定选择元器件的类型及型号。
（3）辨别各种类型的元器件，识别元器件上的标志及标称值。
（4）用万用表对元器件进行检测。
（5）对操作结果进行记录，撰写工作报告。

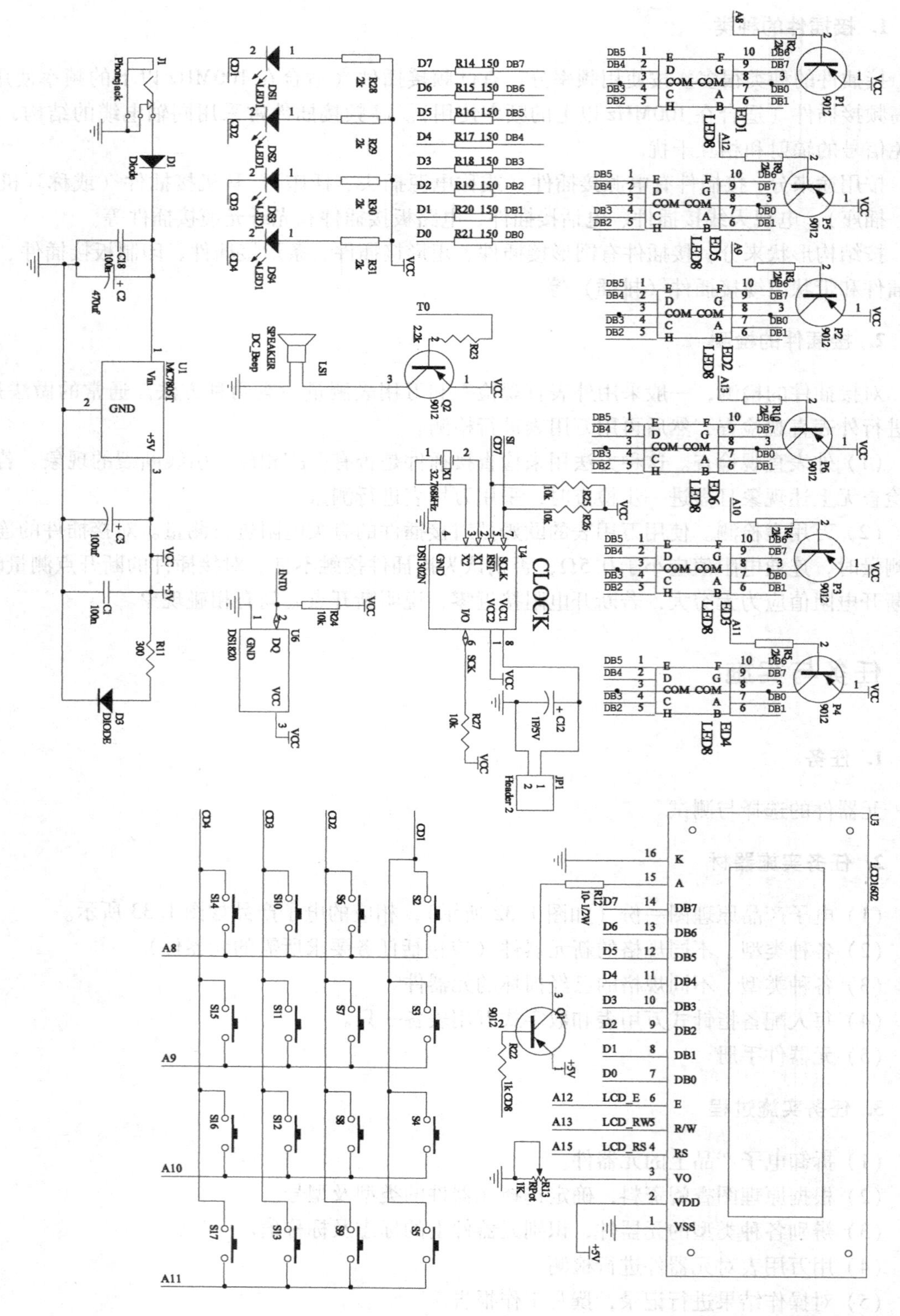
CLOCK
LCD1602
MC7805T
DS1302N
DS1820
Phonejack
SPEAKER
DC_Beep
32.768kHz
Header 2
D7 R14 150 DB7
D6 R15 150 DB6
D5 R16 150 DB5
D4 R17 150 DB4
D3 R18 150 DB3
D2 R19 150 DB2
D1 R20 150 DB1
D0 R21 150 DB0
A8
A9
A10
A11
A12 LCD_E 6
A13 LCD_RW5
A15 LCD_RS 4
VCC
+5V
GND

图 1-32　单片机实

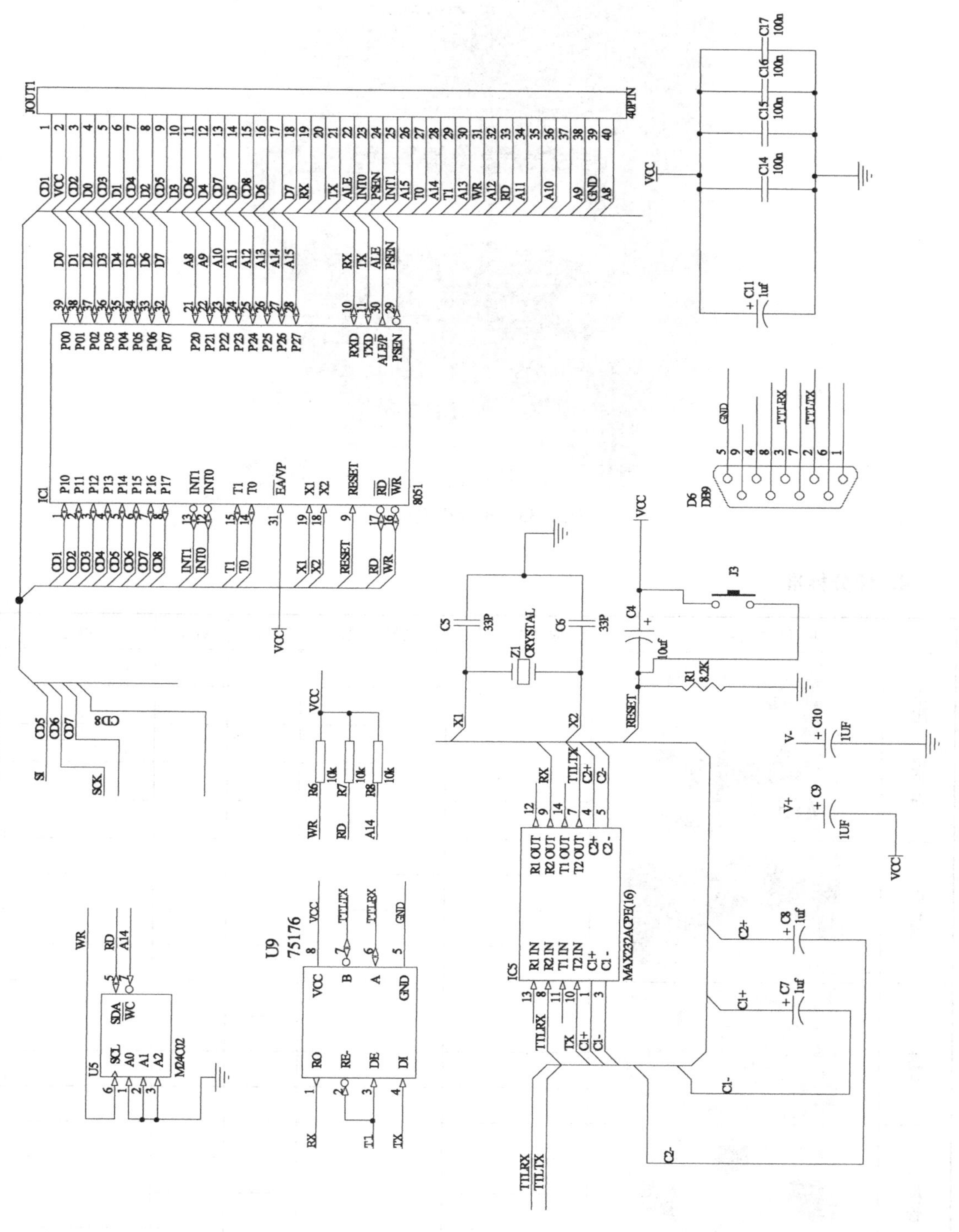
JOUT1
40PIN
IC1
8051
U5
M24C02
U9
75176
IC5
MAX232ACPE(16)
D6
DB9
Z1
CRYSTAL
J3
R1
8.2K
VCC

训板原理图

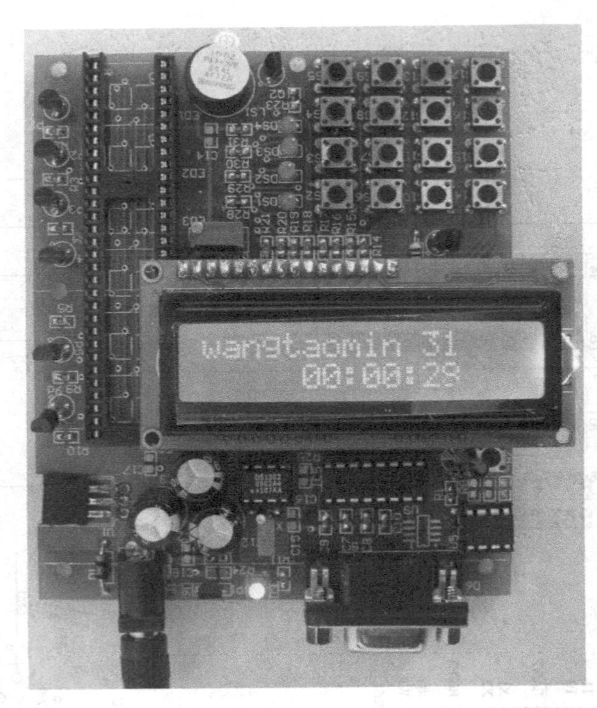

图 1.33　单片机实训板

4. 评分标准

项目内容		原理图编号	型号与规格	封装	数量	得分
电阻 电位器						
电容器						
二极管						
三极管						

续表

项目内容		原理图编号	型号与规格	封装	数量	得分
集成块						
接插件	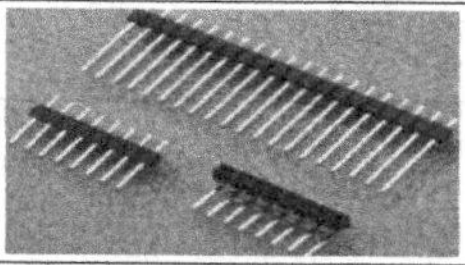					
晶振						
数码管						
蜂鸣器						
集成块插座						
电源插座	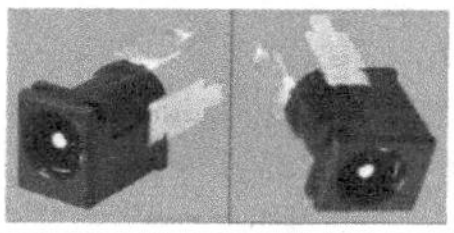					
弯插座						
贴片元件						
按键						

续表

项 目 内 容	原理图编号	型号与规格	封装	数量	得分
学习态度、协作精神和职业道德					
安全文明生产	违反安全文明操作规程，扣10～20分				
定额时间	3小时，训练不允许超时，每超时5分钟扣2分				
备注：	评分标准可根据实际情况进行设置与修改			成绩	

作业

1. 什么是电阻？电阻有哪些主要参数？
2. 什么是电解电容？与普通电容相比，它有什么不同？
3. 什么是电感？电感有哪些主要参数？
4. 电阻、电容、电感的主要标识方法有哪些？怎么识读？
5. 如何用万用表检测判断二极管的引脚极性及好坏？
6. 三极管通常按哪几个方面进行分类？各自分为哪几类？
7. 什么是电声器件？常见的电声器件有哪些？各有何作用？
8. 什么是表面贴装元器件，它有哪些优点？

2

项目2

认识与使用材料、工具及设备

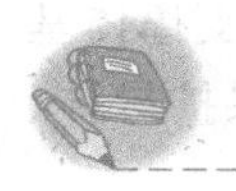

项目要求

通过参观校企合作单位生产车间和校内实训室，了解电子产品生产材料、使用的工具及生产设备；掌握电子产品常用材料、常用工具、生产设备及焊接技术；通过制作、组装和拆卸电子产品，了解各种电子材料的种类与特点；能正确识别和使用常用材料、工具和生产设备，达到能判别电子材料质量及焊接质量好坏的目的。

【知识要求】

- 掌握各种安装导线的种类、名称与特点。
- 掌握绝缘材料的种类、作用与标识方法。
- 掌握印制电路板的种类、作用与特点。
- 掌握焊接材料的种类、作用与特点。
- 了解粘接材料的种类、作用与特点。

【能力要求】

- 能用目视法识别常见的安装导线，知道各种安装导线的名称。
- 能用目视法识别常见的绝缘材料，知道各种绝缘材料的名称。
- 能根据使用场合正确选择合适的安装导线和绝缘材料。
- 能根据电路的复杂程度选择合适的印制电路板和焊接材料。
- 能根据使用场合正确选择合适的粘接材料。

2.1　常用材料

电子产品是由不同的电子元器件和各种相应的材料组合而成的。了解这些材料的性能、参数和特点，掌握正确选择与合理使用它们的方法，是使电子产品的性能得到优化、保证电子产品质量的重要环节。

电子产品的常用材料是指绝缘材料、线料、覆铜板、焊接材料和其他材料（漆料、胶）等。

2.1.1　绝缘材料

绝缘材料又称电介质，是指具有高电阻率、电流难以通过的材料。电子产品的支撑体基本上是绝缘材料，绝缘材料除具有隔离带电体的作用外，往往还起到机械支承、保护导体、防止电晕和灭弧等作用。

1. 绝缘材料的种类和性能指标

绝缘材料的种类很多，按其化学性质可分为无机绝缘材料、有机绝缘材料和复合绝缘材料。

（1）无机绝缘材料。常用的有云母、石棉、玻璃、陶瓷等。

（2）有机绝缘材料。常用的有橡胶、棉丝、树脂、纸、麻等。

（3）复合绝缘材料。常用的有玻璃布层压板等。

绝缘材料按其形态可分为气体绝缘材料、液体绝缘材料和固体绝缘材料。

（1）气体绝缘材料。常用的有空气、氮、氢、二氧化碳等。

（2）液体绝缘材料。常用的有变压器油、开关油等。

（3）固体绝缘材料。常用的有云母、玻璃、瓷漆、胶、塑料、橡胶等。

绝缘材料在使用中应符合规定的性能指标，其主要绝缘性能指标如下。

（1）电阻率。它是最基本的绝缘性能指标。足够的绝缘电阻能把电气设备的泄漏电压限制在很小的范围内，起到隔离作用。电工绝缘材料的电阻率一般在 $10^9\Omega\cdot cm$ 以上。

（2）电击穿强度与击穿电压。这个指标描述了绝缘材料抵抗电击穿的能力。当外施电压增大到某一极限值时，材料会丧失绝缘特性而被击穿，通常用1mm厚的绝缘材料所能承受的电压值来表示。如一般电工钳的绝缘柄可耐压500V，使用时必须注意不要在超过此电压的场合使用。

（3）机械强度。凡是绝缘零件或绝缘结构，都要承受拉伸、扭曲、重压、振动等机械负荷，因此，要求绝缘材料本身具有一定的机械强度。

（4）耐热等级。这个指标描述了当温度升高时，材料的绝缘性能仍旧保持可靠。绝缘材料的耐热等级与对应的工作温度如表2.1所示。

表 2.1　绝缘材料的耐热等级与工作温度

耐热等级	Y	A	E	B	F	H	C
工作温度	80℃	105℃	120℃	130℃	155℃	180℃	180℃以上

绝缘材料除了以上性能指标外，还有吸湿性能、理化性能等。同时，绝缘材料在使用过程中，受各种因素的长期作用，会由于电击穿、腐蚀、自然老化、机械损坏等原因，使绝缘性能下降甚至失去绝缘性。

2. 常用电工绝缘材料的特性与用途

常用电工绝缘材料的性能和用途如表 2.2 所示。

表 2.2　常用电工绝缘材料的性能和用途

名称	颜色	厚度/mm	击穿电压/V	极限工作温度/℃	特点	用途	备注
电话纸	白色	0.04 0.06	400	90	坚实，不易破裂	$\phi < 0.4$mm 漆包线的层间绝缘	类似品：相同厚度的打字纸、描图纸
电缆纸	土黄色	0.08 0.12	400 800	90	柔顺、耐拉力强	$\phi > 0.4$mm 漆包线的层间绝缘、低压绕组间的绝缘	类似品：牛皮纸
青壳纸	青褐色	0.25	500	90	坚实，耐磨	纸包外层绝缘，简易骨架	
电容纸	白/黄色	0.03	500	90	薄，耐压较高	$\phi < 0.3$mm 漆包线的层间绝缘	
聚酯薄膜	透明	0.04 0.05 0.10	3000 4000 9000	120～140	耐热，耐高压	高压绕组层、组间等绝缘	
聚酯薄膜黏带	透明	0.055～0.17	5000～17000	120	耐热，耐高压，强度高	同上。便于低压绝缘密封	
聚氯乙烯薄膜黏带	透明略黄	0.14～0.19	1000～1700	60～80	柔软，黏性强，耐热差	低压和高压线头包扎（低温场合）	
油性玻璃漆布	黄色	0.15 0.17	2000～3000	120	耐热好，耐压高	线圈、电器绝缘衬垫等	
沥青醇酸玻璃漆布	黑色	0.15 0.17	2000～3000	130	耐热好，耐潮好，耐压高	同上。但不太适用于在油中工作的线圈及电器等	
油性漆绸（黄蜡绸）	黄色	0.08	4000	90	耐压高，较薄，耐油较好	高压线圈层/组间绝缘	一般适用于需减少绝缘物体体积的场合
高频漆	黄色			90（干固后）	黏剂	黏合绝缘纸、压制板、黄蜡布等	代用品：洋干漆
清喷漆	透明略黄				黏剂	线圈浸喷	又名：蜡克
云母纸	透明	0.10 0.13	1600 2000	130 以上	耐热好，耐压较高	各类绝缘衬垫等	
地蜡	糖浆色					各类变压器浸渍处理用	石蜡 70% 松香 30%

2.1.2 线料

在电子产品整机内部，有许多连接线。连接线基本上都是导线，导线又分为裸导线和有绝缘层的导线。电子产品所用导线的导体基本上是铜线。纯铜的表面容易氧化，所以几乎所有的导线在铜线表面都有一层抗氧化层，如镀锌、镀锡、镀银等。

常用的安装导线外形，如图 2.1 所示。

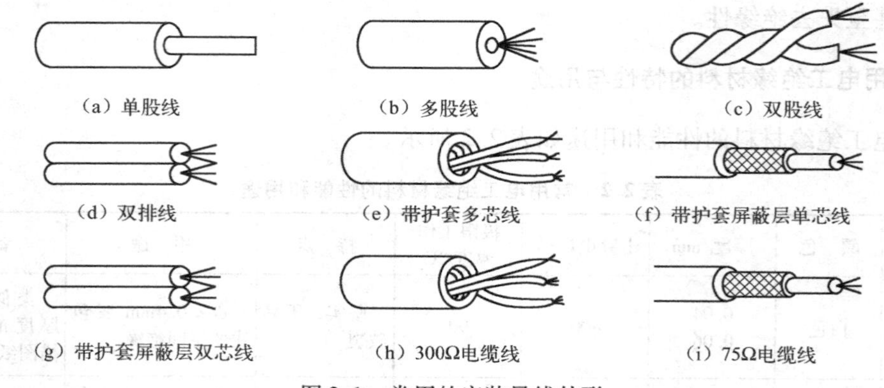

图 2.1 常用的安装导线外形

选用导线时要考虑的主要因素如下。

1. 电气因素

（1）允许电流与安全电流。导线在有电流通过时会产生温升，在一定温度限制下的电流值称为允许电流。对于不同的绝缘材料、不同导线截面的电线，其允许电流也不同。实际选择导线时要使导线中的最大电流小于允许电流并选取适当的安全系数。根据产品的级别和使用要求，安全系数可取 0.5 ～ 0.8（安全系数 = 工作电流/允许电流）。

安装导线常用的电源线，因其使用条件复杂，经常被人体触及，一般要求安全系数更大一些，通常规定截面不得小于 $0.4mm^2$，而且安全系数不得超过 0.5。

作为粗略的估算，可按 $3A/mm^2$ 的截流量选取导线截面，在通常条件下是安全的。

（2）导线的电压降。当导线较短时，可以忽略导线上的电压降，但当导线较长时就必须考虑这个问题。为了减小导线上的电压降，常选取较大截面积的电线。

（3）导线的额定电压。导线绝缘层的绝缘电阻是随电压的升高而下降的，如果超过一定的电压值，就会发生导线间击穿放电现象。

（4）频率及阻抗特性。如果通过电线的信号频率较高，则必须考虑电线的阻抗、介质损耗等因素。射频电缆的阻抗必须与电路的阻抗特性相匹配，否则电路不能正常工作。

（5）信号线的屏蔽。当导线用于传输低电平的信号时，为了防止外界的噪声干扰，应选用屏蔽线。例如，在音响电路中，功率放大器之前的信号线均需使用屏蔽线。

2. 环境因素

（1）机械强度。如果产品的导线在运输或使用中可能承受机械力的作用，选择导线时就要对导线的强度、耐磨性、柔软性有所要求，特别是工作在高电压、大电流场合的导线，更需要注意这个问题。

（2）环境温度。环境温度对导线的影响很大，高温会使导线变软，低温会使导线变硬甚至变形开裂，造成事故。因此，选择导线时要使其能适应产品的工作温度。

（3）耐老化腐蚀性。各种绝缘材料都会老化腐蚀，如在长期日光照射下，橡胶绝缘层的老化会加速，接触化学溶剂可能会腐蚀导线的绝缘外皮，要根据产品工作的环境选择相应的导线。

3. 装配工艺因素

选择导线时要尽可能考虑装配工艺的优化。例如，同一组导线应选择相同芯线数的电缆而避免用单根线组合，既省事又增加导线的可靠性；又如带织物层的导线用普通的剥线方法很难剥除端头，如果不考虑强度的需要，则不宜选用这种导线当普通连接导线。

2.1.3 覆铜板

覆铜板（Copper Clad Laminate，CCL）是由绝缘板和黏敷在上面的铜箔构成的，是制造PCB上电气连线的材料。它广泛应用在电视机、计算机、移动通信等电子产品中。

1. 覆铜板的分类

目前，市场上供应的覆铜板分类如图2.2所示。

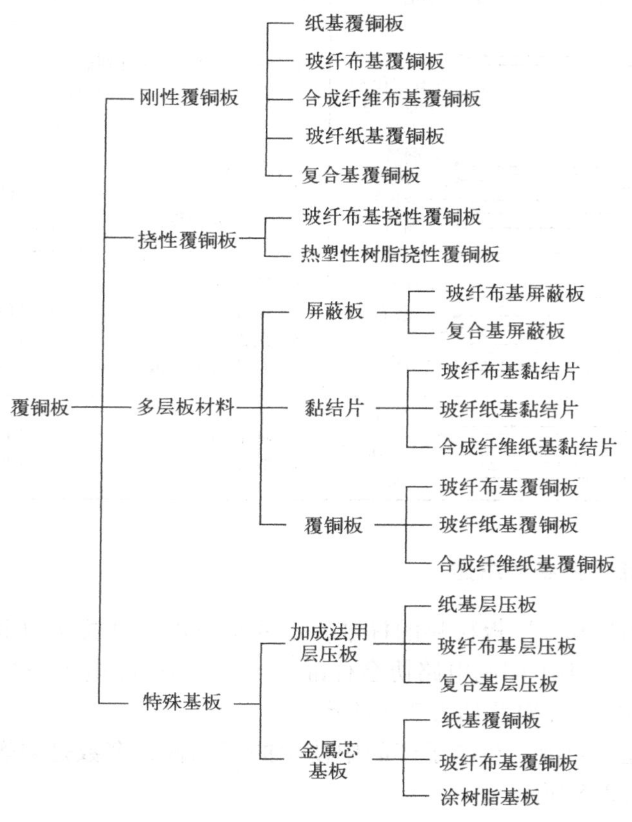

图2.2　覆铜板分类

从基材考虑，覆铜板主要分为纸基板、玻纤布基板、合成纤维布基板、无纺布基板和复合基板；若按形状，可分为覆铜板、屏蔽板、多层板和特殊基板。覆铜板的结构和材料（树脂、基材）如表2.3所示。

表2.3　覆铜板的结构和材料

名　称	结　构	树脂与基材	特性与应用
单面覆铜板	铜箔 胶纸	1. 酚醛树脂 2. 环氧树脂 3. 纸	可单面冲孔
双面覆铜板	铜箔 胶布 铜箔	1. 环氧树脂、聚酰亚胺、嗪树脂 2. 玻纤布、玻纤纸	可双面成孔 包括多层板
挠性覆铜板—Ⅰ	铜箔 胶布 铜箔	1. 环氧树脂、聚酰亚胺 2. 玻纤布	可挠性好、高绝缘性（单、双面板）
挠性覆铜板—Ⅱ	铜箔 薄膜	热可塑性树脂基膜	可挠性优（单、双面板）
屏蔽板	铜箔 胶布 内层线路板 铜箔	1. 环氧树脂 2. 玻纤布、玻纤纸、聚酰胺纤维布、复合基	具有屏蔽效果
加成法用层压板	胶层 含有催化剂的层压板	1. 酚醛树脂、环氧树脂 2. 纸、玻纤布、复合基板	无电镀用、制作细图形线路
金属芯基板—Ⅰ	铜箔 胶纸 金属板 铜箔	1. 环氧树脂 2. 纸 3. 0.4mm 铝板	屏蔽效果优、汇集通孔
金属芯基板—Ⅱ	铜箔 胶布 金属板 铜箔	1. 环氧树脂 2. 玻纤布 3. 铝板、铁板等 4. 有孔的金属板	屏蔽效果优、强度大（单、双面板）
复合基覆铜板	铜箔 胶布 胶纸 铜箔	1. 环氧树脂 2. 胶布	CEM－1：低价格 CEM－3：高强度

2. 覆铜板的标准、特点和用途

（1）标准。覆铜板和多层板材料的标准，主要有日本工业标准（JIS）、美国电气制造商协会标准（NEMA）、美国印制电路协会标准（IPC）和国际电工委员会标准（IEC）等。覆铜板各种标准之间的型号对照如表2.4所示。

（2）特点和用途。目前，在电子产品中使用的覆铜板，多数是阻燃产品。常用阻燃产品的特点和用途如表2.5所示。

表 2.4　覆铜板各种标准之间的型号对照

组成			标准			
基材	树脂	类型	JIS	NEMA	IPC	IEC
纸	酚醛	一般用	PP3 PP5 PP7	XXXPC		No 1 No 2
纸	酚醛	阻燃性	PP3F PP5F PP7F	FR—2		No 6 No 7
纸	环氧	阻燃性	PE1F	FR—3		No 3
玻纤布	耐热环氧	一般用 阻燃性	GE 2 GE 2F	G—11 FR—5		
玻纤布	环氧	一般用 阻燃性	GE 4 GE 4F	G—10 FR—4		No 4 No 5
玻纤布	聚酰亚胺　未改性	一般用 阻燃性	GI 1 GI lF		FL—GPY	
玻纤布	聚酰亚胺　改性	一般用 阻燃性	GI 2 GI 2F			
玻纤布	三嗪	一般用 阻燃性	GT 1 GT lF		FL—GPX	
玻纤布	三嗪 （加填料）	一般用 阻燃性	GT 2 GT 2F		FL—GPX	
玻纤布、纸	环氧	一般用 阻燃性	CPE lF	CEM—1	CEM—2 CEM—1	No 9
玻纤布、玻纤纸	环氧	一般用 阻燃性	CPE 3F	CEM—3	CEM—4 CEM—3	No 10
合成纤维布	环氧	一般用	SE 1			
玻纤纸	聚酯	一般用 阻燃性		FR—3	CRM—6 CRM—5	
玻纤毡、玻纤纸	聚酯	一般用 阻燃性			CRM—8 CRM—7	

表 2.5　常用阻燃产品的特点和用途

品种			特点	用途
组成		标准		
基材	树脂	NEMA		
纸	酚醛	FR—1 FR—2	绝缘性好、常温冲孔性好、价格低	家电产品线路板
纸	环氧	FR—3	介电常数低、冲孔性好	电器产品
纸	聚酯		介电常数低、绝缘性好、耐漏电起痕性良好	家电产品、电源线路、高频板
玻纤布	耐高热环氧	FR—5	高绝缘性、高耐热性、高尺寸稳定性	高密度组装、棋块基板（MCM 等）
玻纤布	环氧	FR—4	高绝缘性、高耐热性、高尺寸稳定性	电子产品、大型电子计算机、个人计算机基板
玻纤布	可挠性环氧	FR—4	可挠曲性、绝缘性好	小型电话机线路板

续表

品种			特点	用途
组成		标准		
基材	树脂	NEMA		
玻纤布	三嗪	FL—CPX＊	高绝缘性、高耐热性、低介电常数	接线机、卫星线路基板
	聚酰亚胺	FL—CPY＊	高绝缘性、高耐热性、低介电常数、高尺寸稳定性	大型计算机线路板
玻纤布、纸	环氧	CEM—1	介电常数低、绝缘性良好	调谐器、家电线路板
玻纤布、玻纤纸	环氧	CEM—3	高绝缘性，冲孔性好	电子产品、汽车线路板
合成纤维布（芳纶）	环氧		低介电常数、高尺寸稳定性、耐离子迁移性	电于产品线路板、核块基板
玻纤毡、玻纤布	聚酯	CEM—7	耐电弧性良、绝缘性好	调谐器线路板
玻纤布	聚四氟乙烯	GR＊＊	高耐热性、介电常数优、耐湿性好、价格高	调谐器、信息产品、高频板

2.1.4 焊接材料

普通的电子焊接中，主要用到的材料是焊锡和焊剂。

1. 焊锡

焊锡是一种锡铅合金，两者的比例不同，焊锡的熔点温度也不同，一般为 180 ～ 230℃。一般的锡铅合金在加热到某一温度时先变成半液态，再升温到某一温度才完全熔化成液体，只有锡、铅含量分别占63%和37%的焊锡，在熔化过程中没有半液体状态而是直接变成液体。锡含量为63%、铅含量为37%的焊锡称为共晶焊锡，其熔化时的温度183℃称为焊锡的共晶点。常用的锡铅焊料的配比及用途如表2.6所示。

表2.6　常用的锡铅焊料的配比及用途

名称	牌号	主要成分			杂质 >%	熔点 /℃	抗拉强度	用途
		锡	锑	铅				
10锡铅焊料	HISnPb10	89～91	<0.15	余量	0.1	220	4.3	钎焊食品器皿及医药卫生方面物品
39锡铅焊料	HlSnPb39	59～61	<0.8			183	4.7	钎焊电子、电气制品
50锡铅焊料	HISnPb50	49～51				210	3.8	钎焊散热器、计算机、黄铜制件
58－2锡铅焊料	HISnPb58－2	39～41	—			235		钎焊工业及物理仪表等
68－2锡铅焊料	MSnPb68－2	29～31	1.5～2			256	3.3	钎焊电缆护套、铅管等
80－2锡铅焊料	HISnPb80－2	17～19			0.6	277	2.8	钎焊油壶、容器、散热器
90－6锡铅焊料	HISnPb90－6	3～4	5～6			265	5.9	钎焊黄铜和铜
73－2锡铅焊料	HISnPb73－2	24～26	1.5～2				2.8	钎焊铅管
45锡铅焊料	HISnPb45	53～57	—			200	—	钎焊电子电器元器件

常用的锡铅焊料有管状焊锡丝、抗氧化焊锡、含银焊锡、焊膏等。管状焊锡丝在手工电子焊接中用得最为普遍，丝内有松香焊剂，适合用来焊接铜、铁等或带有锡层的焊件，使用起来很方便，焊锡丝直径有0.5mm、0.8mm、0.9mm、1.0mm、1.2mm、1.5mm、2.0mm、2.3mm、2.5mm、3.0mm、4.0mm、5.0mm等，如图2.3所示；抗氧化焊锡常使用在浸焊和波峰焊中，焊锡中加入的少量的活性金属能使锡槽中暴露在空气中的高温表面的氧化锡、氧化铅还原，并漂浮在焊锡表面形成致密的覆盖层，防止焊锡继续氧化；含银焊锡用于镀银焊点的焊接，可以减少镀银件中的银在焊锡中的溶解量；焊膏用于表面贴装元器件的安装，内含焊料和焊剂，为糊状。

图2.3　管状焊锡丝

2. 焊剂

焊剂也称助焊剂，是一种在焊接时用以清除被焊金属表面氧化层及杂质的混合材料。

助焊剂有无机系列、有机系列和松香基系列3种。无机助焊剂活性强，对金属和焊点的腐蚀性大，在电子元器件的焊接中不允许使用；有机助焊剂活性次之，但也有轻度的腐蚀性，使用场合有一定限制；松香基助焊剂无腐蚀性，应用最为广泛。

松香基助焊剂有松香焊剂、活化香剂、氢化松香等，在电子产品的焊接中普遍使用松香焊剂。松香是将松树分泌出来的黏稠液体加以蒸馏得到的一种天然树脂，呈焦黄、深红颜色的块状固体，它具有绝缘性能好、不吸潮、无腐蚀、无毒、价格便宜等优点。

助焊剂在焊接中的作用如下。

（1）辅助热传导。焊接时，助焊剂覆盖在被焊金属和焊料表面，通过热传导使整个焊接面的受热情况趋于均匀。

（2）去除氧化物。金属表面与空气接触很容易生成氧化膜，这层氧化膜会阻止焊锡在被焊金属表面浸润和扩散。助焊剂在加热后，放出表面活性剂，与被焊金属表面离子状态的氧化物反应，去除氧化膜。

（3）增强浸润能力。助焊剂中的表面活性剂能够显著降低液态焊料在被焊金属表面所体现出来的表面张力，使液态焊料的流动能力加强，保证焊料能浸润至每一个细微的钎焊缝隙。

（4）防止再氧化。在高温下，金属表面氧化会更快。在焊接时，助焊剂覆盖在高温焊料和被焊金属表面，隔绝了空气，控制焊点不会在高温下继续氧化。

（5）使焊点美观。助焊剂有助于焊点焊锡的收缩，使焊点成型和保持焊点表面光泽，避免焊点的拉尖、桥接等不良现象。

总之，在整个焊接过程中，助焊剂通过自身活性物质的作用，去除焊接金属表面的氧化层，增强焊料流动、浸润的能力，帮助完成焊接。

3. 生成合金层的基本条件

（1）被焊材料的可焊性要好。可焊性是指焊接时焊料在被焊金属表面能顺利地完成浸润、扩散，形成合金层，生成良好焊点的特性。不同材料的焊接适合的焊料不同。对于锡焊，只有一部分金属具有较好的可焊性，一般铜及其合金、金、银、锌、镍等材料可焊性较好，而铝、不锈钢、铸铁等可焊性很差，需采用特殊焊剂及方法才能锡焊。

（2）焊料要合格。锡铅焊料的成分要与焊接的工艺相符合，焊料中杂质不能超标，否则会影响焊锡，特别是锌、铝等杂质的含量，即使只含 0.001% 也会明显影响焊料的润湿性和流动性，降低焊接质量。

（3）助焊剂要合适。助焊剂要根据焊接的材料和采用的焊接工艺来选取。焊接材料不同、焊接工艺不同、焊接后 PCB 清洗与不清洗，选用的助焊剂也会有所不同。对于电子手工锡焊，采用松香和活性松香能满足大部分电子产品装配要求。

（4）被焊金属的表面要清洁。虽然助焊剂有去除氧化物的作用，但像松香助焊剂并没有很强的活性，顽固的氧化层和杂质难以去除，因而不能将金属表面的清洁寄托在助焊剂上。清洁的表面是形成合格焊点的重要条件，只有在清洁的表面上助焊剂才能起到应有的作用，否则很容易造成虚焊。

（5）焊接的温度和时间要恰当。焊接时，要同时加热焊料和焊件，只有它们的温度都足够高时才能使熔化的焊料充分浸润和扩散形成合金层。焊接的温度过低或加热的时间太短则形成不了合金层，温度过高或时间太长则会损坏元器件和印制电路板，因此温度加热到能满足合金层的形成即可。

2.1.5 机箱常用材料

电子产品的机箱材料可分为框架外壳的钢材部分和面板的塑料部分。一些高性能的机箱前面板的塑料常采用 ABS 工程塑料。这种塑料制造出来的机箱前面板比较结实稳定，硬度高，长期使用不褪色和开裂，擦拭的时候比较方便。

机箱的框架部分常采用钢材，一般是硬度比较高的优质材料折成角钢形状或条形，外壳部分的钢材一般应该达到 1mm 以上。这些钢板都应该是经过冷锻压处理过的 SECC 镀锌钢板，采用这种材料制成的机箱电磁屏蔽性好、抗辐射、硬度大、弹性强、耐冲击腐蚀、不容易生锈。

1. ABS 工程塑料

ABS 是丙烯腈、丁二烯和苯乙烯的三元共聚物，A 代表丙烯腈，B 代表丁二烯，S 代表苯乙烯。其抗冲击性、耐热性、耐低温性、耐化学药品性及电气性能优良，还具有易加工、制品尺寸稳定、表面光泽性好等特点，容易涂装、着色，还可以进行表面喷镀金属、电镀、焊接、热压和粘接等二次加工，广泛应用于机械、汽车、电子电器、仪器仪表、纺织和建筑等工业领域。

（1）ABS工程塑料的分类。

ABS根据冲击强度可分为超高抗冲型、高抗冲击型、中抗冲型等品种。

ABS根据成型加工工艺的差异，又可分为注射、挤出、压延、真空、吹塑等品种。

ABS依据用途和性能的特点，还可分为通用级、耐热级、电镀级、阻燃级、透明级、抗静电级、挤出板材级等品种。

（2）ABS工程塑料的性能。

① 一般性能。ABS外观为不透明呈象牙色粒料，其制品可着成五颜六色，并具有高光泽度；ABS相对密度为1.05左右，吸水率低；ABS同其他材料的结合性好，易于表面印刷、涂层和镀层处理；ABS属易燃聚合物，火焰呈黄色，有黑烟，并发出特殊的臭味。

② 力学性能。ABS具有优良的力学性能，其冲击强度极好，可以在极低的温度下使用；ABS的耐磨性优良，尺寸稳定性好，又具有耐油性，可用于中等载荷和转速下的轴承。ABS的弯曲强度和压缩强度属塑料中较差的，其力学性能还受温度的影响。

③ 热学性能。ABS的热变形温度为93℃～118℃，零件经退火处理后还可提高10℃左右。ABS在-40℃时仍能表现出一定的韧性，可在-40℃～100℃的温度范围内使用。

④ 电学性能。ABS的电绝缘性较好，并且几乎不受温度、湿度和频率的影响，可在大多数环境下使用。

⑤ 环境性能。ABS不受水、无机盐、碱及多种酸的影响，但可溶于酮类、醛类及氯代烃中，受冰乙酸、植物油等侵蚀会产生应力开裂。ABS在紫外光的作用下易产生降解，在户外半年后，冲击强度会明显下降。

2. 镀锌板

镀锌板是在冷轧板表面镀上了一层锌层，具有防锈、耐腐蚀、深拉成型工艺结构稳固的特点，可以使机箱在长时间使用后也不会发生变形现象，但价钱比较高。通用板厚在0.4～4.5mm之间。

（1）镀锌板的命名方法。

镀锌薄钢板适用牌号：SECC、SECD、SECE。

第一位：S——钢（Steel）。

第二位：E——电镀（Electrodeposition），常用E8、E16、E20、E24、E32表示锌层代号。8、16、20、24、32表示锌附着量，单位为g/m^2。

第三位：C——冷轧（Cold）；

第四位：C——普通级（common），D——冲压级（Draw），E——深冲级（Elongation）。

镀层厚度（单面）为1.4μm、4.2μm、7.0μm。

表面处理代号：C——铬酸系处理，O——涂油，P——磷酸系处理，S——铬酸系处理+涂油，Q——磷酸系处理+涂油，N5——耐指纹，M——不处理。

常用标记：产品名称（钢板或钢带），本产品标准号、牌号、表面处理类别、锌层代号、规格及尺寸、外形精度。

例如，Q/BQB 430 SECC-C-20/20 钢板：0.80B×1000A×2000A-PF.A，其含义为：钢板，标准号Q/BQB430，牌号SECC，表面铬酸钝化处理（C），锌层代号20/20，厚度

0.80mm，宽度1000mm，长度2000mm，普通精度（A），不平度按普通不平度精度PF.A。

（2）主要用途。

汽车：车体板、收音机、风扇、空气滤清器、过滤器、油箱。

家用电器：冰箱、洗衣机、干燥器、空调、录像机、激光唱机、彩电、录音机、微波炉、音响。

办公室机器：复印机、电子计算机壳、打印机、显示器、电传机。

建筑：门、墙隔板、龙骨。

生产机械：农机、产业机器人。

其他：配电器、油储罐、马达盖、钢制家具底板。

3. 铝镁合金

铝镁合金一般主要元素是铝，再掺入少量的镁或其他的金属材料来加强其硬度。因本身就是金属，其导热性能和强度尤为突出。铝镁合金质坚量轻、密度低、散热性较好、抗压性较强，能充分满足3C产品高度集成化、轻薄化、微型化、抗摔、抗撞及电磁屏蔽和散热的要求。其硬度是传统塑料机壳的数倍，但质量仅为后者的三分之一，通常被用于中高档超薄型或尺寸较小的笔记本电脑的外壳。而且，银白色的镁铝合金外壳可使产品更豪华、美观，易于着色，可以通过表面处理工艺变成个性化的粉蓝色和粉红色，为笔记本电脑增色不少，这是工程塑料及碳纤维所无法比拟的。因而铝镁合金成了便携型笔记本电脑的首选外壳材料，目前大部分厂商的笔记本电脑产品均采用了铝镁合金外壳技术。

缺点：镁铝合金并不是很坚固耐磨，成本较高，比较昂贵，而且成型比ABS困难（需要用冲压或者压铸工艺），所以铝镁合金常使用在机箱的顶盖上，很少用铝镁合金来制造整个机壳。

4. 钛合金

钛合金与铝镁合金除了掺入金属本身的不同外，最大的区别是还渗入了碳纤维材料，无论散热、强度还是表面质感都优于铝镁合金材质，而且加工性能更好，外形比铝镁合金更加复杂多变。其关键性的突破是强韧性更强、而且变得更薄。就强韧性看，钛合金是铝镁合金的3～4倍。强韧性越高，能承受的压力越大，也越能够支持大尺寸的显示器。因此，钛合金机种即使配备15英寸的显示器，也不用在面板四周预留太宽的框架。至于薄度，钛合金厚度只有0.5mm，是铝镁合金的一半，厚度减半可以让笔记本电脑体积更小。

钛合金唯一的缺点就是必须通过焊接等复杂的加工程序，才能做出结构复杂的外壳，这些生产工艺过程衍生出可观的成本，因此十分昂贵。目前，钛合金及钛复合材料依然是企业专用的材料，也是产品比较贵的原因之一。

5. 碳纤维

碳纤维材质既拥有铝镁合金高雅坚固的特性，又有ABS工程塑料的高可塑性。它的外观类似塑料，但是强度和导热能力优于普通的ABS塑料，而且碳纤维是一种导电材质，可以起到类似金属的屏蔽作用（ABS外壳需要另外镀一层金属膜，来起屏蔽作用）。例如，IBM公司就率先推出采用碳纤维外壳的笔记本电脑，据IBM公司的资料显示，碳纤维强韧性是铝镁合金的两倍，而且散热效果更好。若使用时间相同，碳纤维机种的外壳摸起来更不烫手。

碳纤维的缺点是成本较高，成型没有 ABS 外壳容易，因此碳纤维机壳的形状一般都比较简单，缺乏变化，着色也比较难。此外，碳纤维机壳还有一个缺点，就是如果接地不好，会有轻微的漏电感，因此，在其碳纤维机壳上覆盖了一层绝缘涂层。

2.2 常用工具

电子装配及检测维修过程中，常用的工具有螺丝刀、尖嘴钳、斜口钳、扳手、电笔等通用工具，还有电烙铁、镊子、针头、吸锡器、无感螺丝刀、热风枪、热熔胶枪等专用工具，其中电烙铁是重要的焊接工具之一。

2.2.1 常用五金工具

1. 尖嘴钳

尖嘴钳外形如图 2.4 所示。它是在电子产品装配和维修工作中常用的工具之一。它主要用在焊点上网绕导线、元器件引线、布线，以及元器件成型（即按需要将导线或引线弯曲成各种形状）。尖嘴钳一般都带有塑料套柄，且绝缘性好。

图 2.4 尖嘴钳外形

尖嘴钳不能用于弯曲粗导线，也不能用于夹持螺母或敲击别的物体；为了防止塑料套柄熔化或老化，不宜在温度较高的环境下使用尖嘴钳；也不宜使用尖嘴钳夹持网绕较硬、较粗的金属导线及其他硬物；由于尖嘴钳的头部经过淬火处理，不要在锡锅或高温的地方使用，以保持钳头部分的硬度。为了确保人身安全，严禁使用塑料套管破损、开裂的尖嘴钳带电操作。

2. 平嘴钳和圆嘴钳

平嘴钳又称扁嘴钳，其外形如图 2.5 所示。它主要用于拉直裸导线，以使较粗的导线及元器件的引线成型。在焊接晶体管及其他怕热器件时，可用平嘴钳夹住引脚引线，以便散热。

圆嘴钳又称圆头钳，其外形如图 2.6 所示。由于该钳的钳头呈圆锥形，所以可以很方便地将导线端头、元器件的引线弯曲成一个圆环，以便安装在螺钉及其他有关部位上。

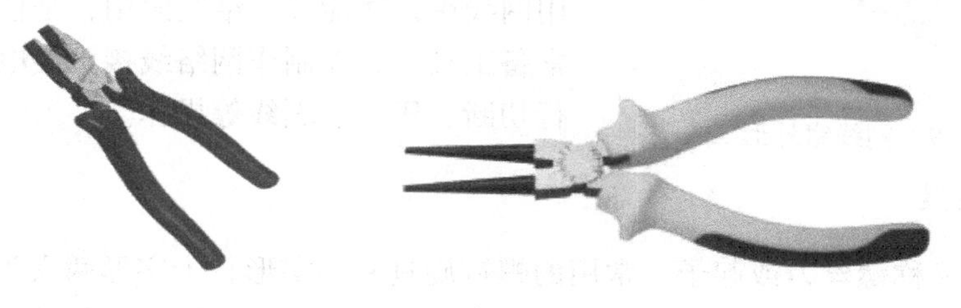

图 2.5 平嘴钳外形　　图 2.6 圆嘴钳外形

平嘴钳和圆嘴钳的构造与尖嘴钳相似，只是钳头部分有所差异，其使用方法与注意事项也与尖嘴钳基本相似，因此它们的一些功能也可用普通尖嘴钳代替。

3. 偏口钳

偏口钳又称斜口钳，其外形如图 2.7 所示。偏口钳主要用于剪切导线，尤其适合于剪切焊接点上网绕导线后多余的线头及印制电路板插件后过长的引线。除了剪切金属导线外，偏口钳还常用来代替一般剪刀剪切绝缘套管、绝缘扎线卡等。

在使用偏口钳时，要特别注意防止剪下的线头飞入眼睛。剪线时，双眼不要直视被剪物，要使钳口向下。当被剪物不易变动方向时，可用另一只手遮挡飞出的线头。不允许用偏口钳剪切螺钉和较粗的金属丝，以免损坏钳口。钳口如果有轻微的损坏或变钝，可用砂轮或油石修磨。

4. 剥线钳

剥线钳的外形如图 2.8 所示。剥线钳适用于剥掉塑胶线、蜡克线等线材的端头表面绝缘层。使用剥线钳时，首先一只手握着待剥导线，另一只手握着钳柄；然后将导线放入合适的钳口内，紧握钳柄用力合拢，由此切断导线的绝缘层并将其拉出；最后将两钳柄松开即可取出导线。

图 2.7　偏口钳外形

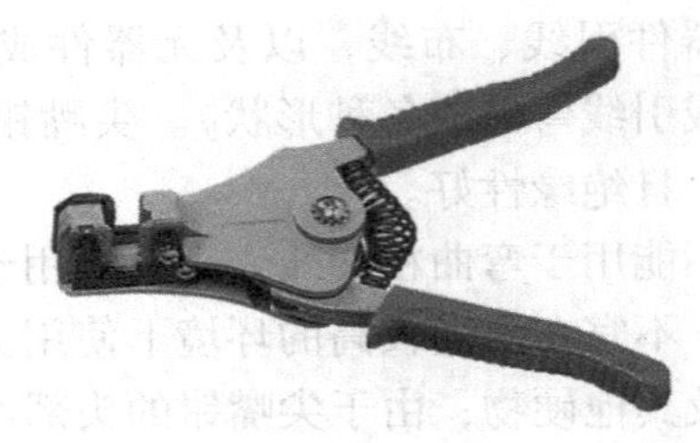

图 2.8　剥线钳外形

使用剥线钳时，要注意应根据待剥的线径不同选择合适的钳口。剥线时不能剪断、损伤导线，应时常保持剥线钳的各个钳口合拢后为圆形。

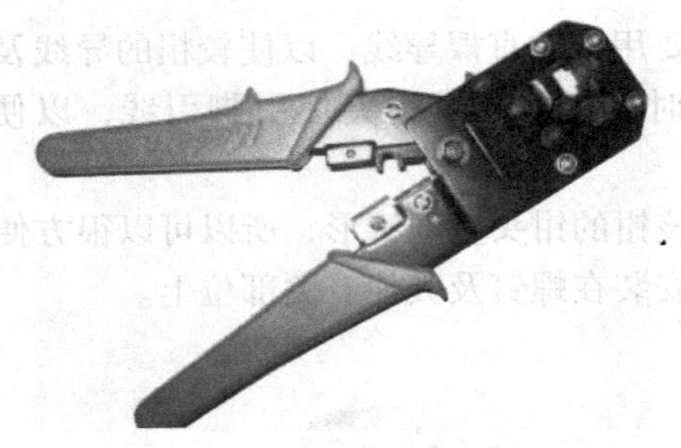

图 2.9　网线钳外形

5. 网线钳

网线钳的外形如图 2.9 所示。它是用来卡住 BNC 连接器外套与基座的，它有一个用于压线的六角缺口，一般这种压线钳也同时具有剥线、剪线功能。三用网线钳，功能多，结实耐用，是信息时代现代家庭常备工具。它能制作网络线接头、电话线接头，能进行切断、压线、剥线等操作。

6. 螺钉旋具

螺钉旋具又称螺丝刀或起子。常用的螺钉旋具有一字形、十字形两大类别。

（1）一字形螺钉旋具。一字形螺钉旋具的外形如图 2.10 所示。它用于旋转一字形的机螺钉、木螺钉、自攻螺钉等。

选用一字形螺钉旋具时，应使其头部尺寸与螺钉槽相适应。如果螺钉旋具的端头宽度过宽，则在使用时易损坏安装件的表面；如果螺钉旋具的端头宽度过窄，则不但不能将螺钉旋紧，还容易损伤螺钉槽。螺钉旋具端头的厚度比螺钉槽过厚或过薄时也是不好的。

另外，一字形螺钉旋具的端头在长时间使用后会呈现凸形，此时应及时将其用砂轮磨平，以防损坏螺钉槽。

（2）十字形螺钉旋具。十字形螺钉旋具的外形如图 2. 11 所示。它用于旋转十字形的机螺钉、木螺钉、自攻螺钉等。

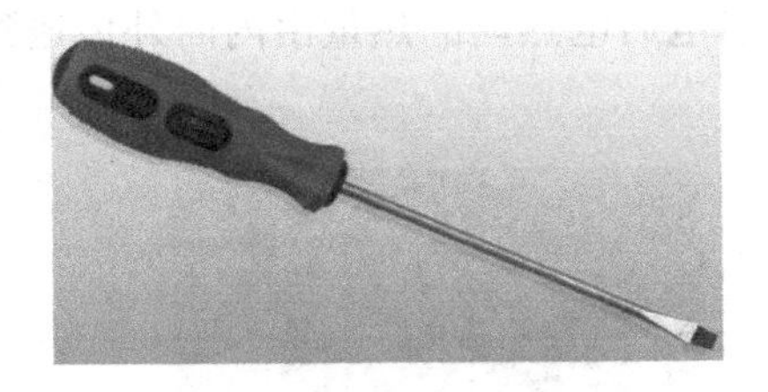

图 2. 10　一字形螺钉旋具外形

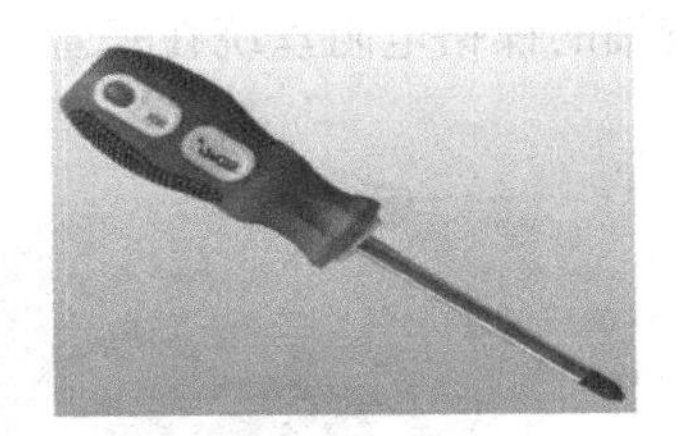

图 2. 11　十字形螺钉旋具外形

在选用和使用十字形螺钉旋具时，应注意使旋杆端部与螺钉槽相吻合，否则易损坏螺钉的十字槽。其他注意事项与一字形螺钉旋具相同。

7. 镊子

镊子外形如图 2. 12 所示。镊子是焊接 SMT 元器件和对手机、手表等进行维修时经常使用的工具，常用它夹持导线、元件及集成电路引脚等。不同的场合需要不同的镊子，一般要准备直头、平头、弯头镊子各一把。常用的要选一把质量好的钢材镊子。

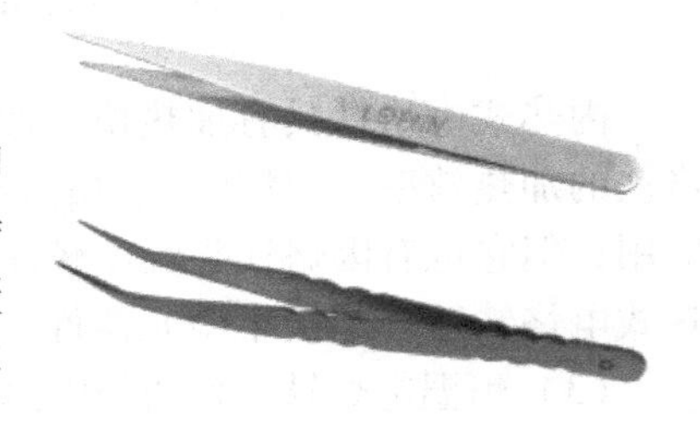

图 2. 12　镊子外形

焊接导线时，导线塑胶绝缘层的端头遇热要收缩，在焊点尚未完全冷却时，用镊子夹住塑胶绝缘层向前推动，可使塑胶绝缘层恢复到收缩前的位置。焊接怕热的元器件时，用镊子夹持引线，不但可以防止其移动，还可帮助其散热，避免其受热损坏。用镊子夹着小团棉纱，蘸上汽油或酒精，可以清洗焊接点上的污物。镊子还常用来镊取微小的元器件，在装配件上网绕较细的线材、绑扎线把时夹持绑扎线等。

2. 2. 2　电烙铁

1. 常用电烙铁

（1）外热式电烙铁。外热式电烙铁如图 2. 13 所示。它由烙铁头、烙铁芯、外壳、手柄、电源线等部分组成，因发热的烙铁芯在烙铁头的外面而得名。外热式电烙铁的烙铁芯，是将电热丝绕制在一根有云母片绝缘的空心管上，通电后电热丝的热量由外向内传送到烙铁头使之升温。烙铁头是用紫铜材料制成的，它的作用是储存热量和传导热量，它的温度必须比被焊接的温度高很多。烙铁的温度与烙铁头的体积、形状、长短等都有一定的关系。当烙铁头的体积比较大时，保持时间就长些。另外，为适应不同焊接物的要求，烙铁头的形状有所不同，常见的有锥形、凿形、圆斜面形等。

由于发热元件在烙铁头的外面，有大部分的热散发到外部空间，所以外热式电烙铁的加热效率低、加热速度较缓慢，一般要预热 6 ～ 7min 才能焊接。

外热式电烙铁既适用于焊接大型的元器件，也适用于焊接小型的元器件，由于其体积较大，焊小型元器件时显得不方便，但它有烙铁头使用时间长、功率大的优点。常用的外热式电烙铁有 25W、30W、50W、75W、100W、150W 等规格。

（2）内热式电烙铁。内热式电烙铁如图 2. 14 所示，它由手柄、连接杆、弹簧夹、烙铁芯、烙铁头、电源线等组成，因发热的烙铁芯在烙铁头的内部而得名。内热式电烙铁的烙铁芯是用比较细的镍铬电阻丝绕在瓷管上制成的，通电后电热丝的热量由内向外传送到烙铁头使之升温。

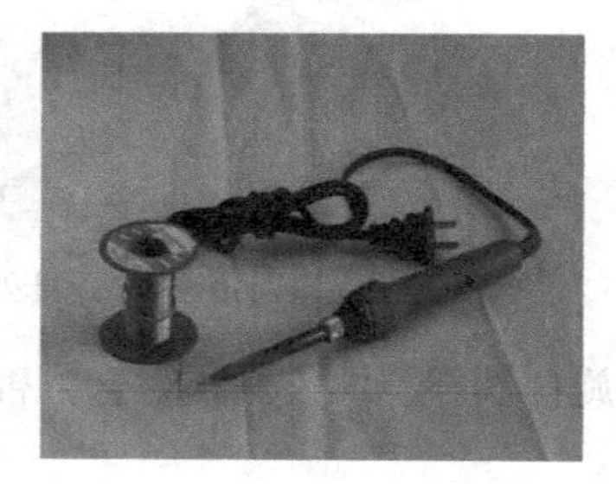

图 2. 13　外热式电烙铁

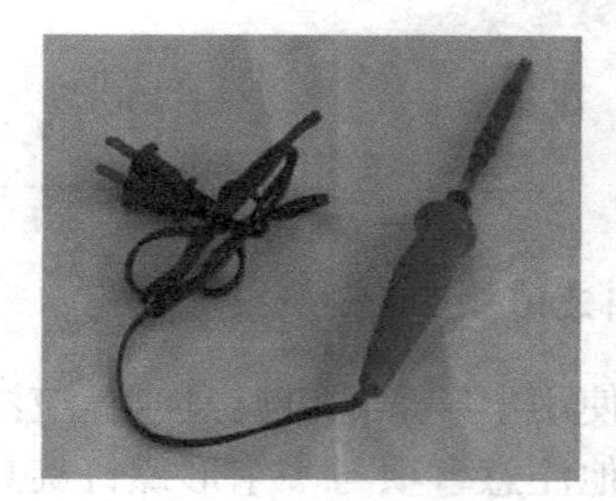

图 2. 14　内热式电烙铁

内热式电烙铁具有加热快、加热效率高（20W 的加热效率就相当于 30 ～ 35W 外热式电烙铁的加热效率）、体积小、质量小、耗电省、使用灵巧等优点，在电子装配中得到了普遍应用；但它也有因烙铁头温度较高而容易氧化变黑、烙铁芯容易被摔断、功率小等不足。内热式电烙铁适合焊接小型元器件，常用的有 20W、35W、50W 等规格。

（3）恒温电烙铁。普通的内热式和外热式电烙铁，使用时的实际温度常常都要比焊接所需的温度高很多，这样不仅容易损坏那些不耐高温的元器件，而且在焊接质量要求较高时达不到规定的要求。所以，在焊接质量要求较高的场合，一般采用恒温电烙铁，如图 2. 15 所示。

恒温电烙铁有温度固定的恒温电烙铁和温度可调的恒温电烙铁两种。电烙铁的恒定温度可以通过温控旋钮在 200 ～ 450℃任意设定。

（4）吸锡电烙铁。吸锡电烙铁是将活塞式吸锡器与电烙铁融为一体的拆焊工具，如图 2. 16 所示。吸锡电烙铁的烙铁头为空心，连着吸锡装置，烙铁头前端也就是吸锡嘴。使

图 2. 15　恒温电烙铁

图 2. 16　吸锡电烙铁

用时先按下活塞并扣住，用烙铁头加热焊点，焊锡熔化时按下活塞控制按钮，在活塞抽气效应的作用下，焊锡被吸入吸管内。它具有使用方便、灵活、适用范围宽等特点。这种吸锡电烙铁的不足之处是每次只能对一个焊点进行拆焊。

2. 电烙铁的选用

电烙铁是手工焊接的必备工具，由于种类及规格很多，而被焊元器件的大小及特性各不相同，因而合理地选用电烙铁的功率及种类，对提高焊接质量和效率有直接的关系。使用的电烙铁功率过大，容易烫坏元器件（一般晶体管 PN 结温度超过 200℃时就会烧坏）和损伤印制电路板，造成元器件损坏和印制电路板上铜膜脱落；使用的电烙铁功率太小，焊剂不能挥发出来，使焊点不光滑，焊锡不能充分熔化而扩散，使焊点不牢固产生虚焊。

选用电烙铁功率时，可以从以下几个方面来考虑。

（1）在印制电路板上焊接小型电子元器件，如小电阻、小电容、集成电路、晶体管及怕热的元器件时，一般选用 20W 内热式电烙铁或 25 ～ 30W 外热式电烙铁，其烙铁头温度大约为 350℃，不易损坏元器件。

（2）在印制电路板上焊接较大的元器件，如显像管管座、开关变压器、行输出变压器、大电解电容器的引脚时，一般选用 35 ～ 50W 内热式电烙铁或 45 ～ 75W 外热式电烙铁，其烙铁头温度大约为 400℃，能很快地加热和熔化焊点，因为焊接时间较短，热量传递不远，对元器件影响较小。

（3）在金属底盘上焊接地线和大型元器件时，一般应选用 75W 以上内热式电烙铁或 100W 以上外热式电烙铁。

（4）烙铁头的形状要与焊接处的焊点密度、焊点形状、焊点大小及被焊元器件的要求相符合，常见烙铁头的外形与应用如表 2.7 所示。

表 2.7　常见烙铁头的外形与应用

外　形	名　称	特性及应用
	圆斜面形	通用
	半凿形	用于焊接较长焊点
	凿形	烙铁头角度较大、热量比较集中、降温较慢，可用于一般焊接。适用长形焊点
	尖嘴形	烙铁头角度较大、热量比较集中、降温较慢，可用于一般焊接。适用长形焊点
	圆锥形	可用于焊点密度较高的双面板和怕热的小型元器件焊接
	斜面复合型	烙铁头表面积较大、传热快，可用于焊点密度不高的单面板焊接
	弯形	一般用在功率较大的外热式电烙铁上，用于焊接较大的元器件

2.2.3 其他辅助工具

1. 烙铁架

烙铁架一般用塑胶底板和金属支架做成，用来放置电烙铁、焊锡、助焊剂及海绵等。

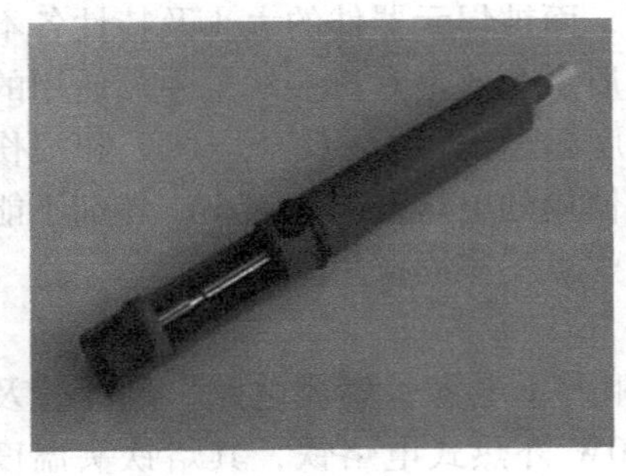

图2.17 吸锡器

2. 吸锡器

吸锡器是拆焊工具，如图2.17所示，它利用活塞机构将吸锡管内抽成瞬时真空，使吸锡嘴边熔化的焊锡在负压的作用下被吸进吸锡管内，从而清除焊点焊锡，使元器件引脚和电路板分离。

3. 排锡管

排锡管是针脚元器件拆焊工具，可用医用针头自制，只需把针尖磨成平口即可。为了拆卸不同粗细的针脚元器件，手头应备有多个不同孔径的针头。使用时，将针孔对准焊盘上元器件引脚，待电烙铁熔化焊点后迅速将针头插入电路板通孔内，同时旋动针头，分离引脚与焊盘，待焊锡冷却凝固后旋转着拔出排锡。

4. 捅针

拆焊后，如果印制电路板的焊盘通孔被焊锡堵住，要用电烙铁重新加热，同时用捅针插入清理通孔，以便重新插入元器件。排锡管也可兼做捅针。

5. 无感螺丝刀

无感螺丝刀是用非磁性材料做成的螺丝刀，用来调整高频空心线圈的电感量和中周磁芯，因为它无磁性，所以调节完成后移走螺丝刀时不会影响线圈的电感量。

6. 热风枪

热风枪是利用枪芯吹出的高温热风来熔化焊点进行操作的，主要用来焊接和拆除各种封装形式的集成电路、电阻排等元器件和贴片元器件，在计算机和手机线路板维修时经常使用，如图2.18所示。热风枪吹出的热风温度及风量可调，拆装不同的元器件可以配上适当的风嘴，以便让热风只加热所需的区域。热风枪的电路主要有温度信号放大电路、比较电路、晶闸管控制电路、温度传感器、风控电路、温度显示电路、关机延时电路和过零检测电路等。温度显示电路是为了便于调温和显示热风枪的实际温度；关机延时电路可以在关机后还送一会儿冷风，从而更好地保护发热体和避免因枪芯温度过高而造成对人或物的损伤。

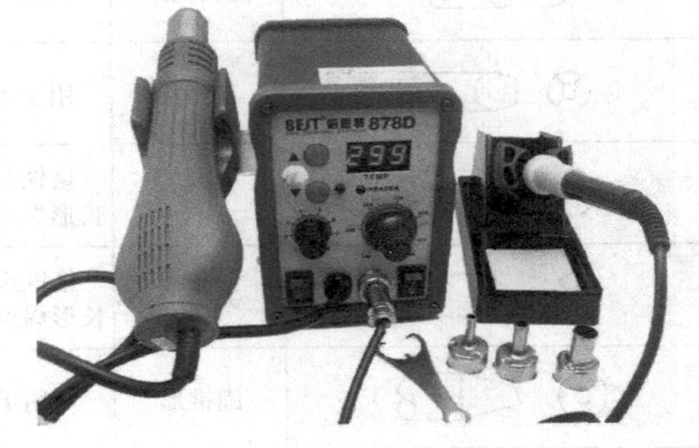

图2.18 无铅螺旋式热风枪

2.3 电子整机装配常用设备

在电子整机装配过程中，一些批量大、一致性要求高的加工，如导线的剪切、剥头、捻线、打标记，元器件的引线成型，印制电路板的插件、焊接、切脚、清洗等，都可使用专门的设备去完成。常用的电子整机装配专用设备包括波峰焊接机、自动插件机、引线自动成形机、切脚机、超声波清洗机、搪锡机、自动切剥机等，使用这些专用设备，既可以提高生产效率、保证成品的一致性，又可以减轻劳动强度。

1. 导线切剥机

导线切剥机分为单功能的剪线机和可以同时完成剪线、剥头的自动切剥机等多种类型。它能自动核对并随时调整剪切长度，也能自动核对调整剥头长度。

导线切剥机是靠机械传动装置将导线拉到预定长度，由剪切刀剪断导线。剪切刀由上、下两片半圆凹形刀片组成。操作时，先将导线放置在架线盘上，根据剪线长度将剪线长度指示器调到相应位置上固定好；然后将导线穿过导线校直装置，并引过刀口，放在止挡位置上，固定好导线的端头，并将计数器调到零；再启动设备，即能自动按预定长度进行剪切。剪切长度符合要求后，即可使设备正常运行，直到按预定数量剪切完导线为止。如图2.19所示的电脑切剥线机，由计算机控制，按键操作，高速剥线可任意设定剥线长度、剥头长度或半剥头。

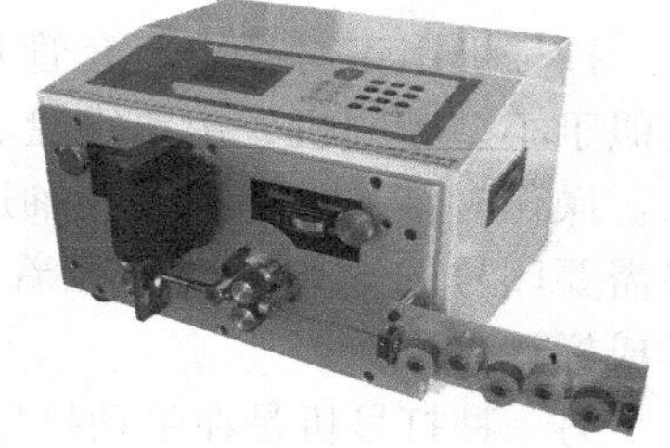

图2.19 电脑切剥线机

2. 剥头机

剥头机用于剥除塑胶线、腊克线等导线端头的绝缘层。单功能的剥头机有4把或8把刀，装在刀架上，并形成一定的角度；刀架后有可调整剥头长度的止挡；电动机通过皮带带动机头旋转。操作时，将需要剥头的导线端头放入导线入口处，剥头机即将导线端头带入设备内，内呈螺旋形旋转的刀口将导线绝缘层切掉。当导线端头被带到止挡位置时，导线即停止前进。将导线拉出，被切割的绝缘层随之脱落，掉入收料盒内。剥头机的刀口可以调整，以适应不同直径芯线的需要。通常，这种设备上可安装数个机头，调整不同刀距，供不同线径使用。这种单功能的剥头机同样不能去掉ASTVR等塑胶导线的纤维绝缘层。使用此种剥头机在剥掉导线绝缘层的同时，可借助于被旋转拉掉的绝缘层的作用将多股芯线捻紧，同时完成捻头操作。

3. 套管剪切机

套管剪切机用于剪切塑胶管和黄漆管，其外形如图2.20所示。套管剪切机刀口部分的构造与剥头机的刀口相似。每台套管剪切机有几个套管入口，可根据被切套管的直径选择使用。操作时，根据要求先调整剪切长度，将计数器调零，然后开始剪切。对剪出的首件应进行检查，合格后方可开始批量剪切。

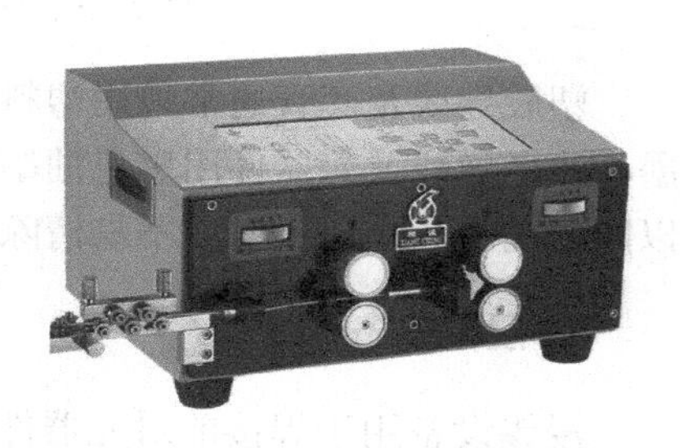

图2.20 套管剪切机

4. 捻线机

多股芯线的导线在剪切、剥头等加工过程中易于松散，而松散的多股芯线容易折断、不易焊接，且增加连接点的接触电阻，影响电子产品的电性能。因此多股芯线的导线在剪切、剥头后必须增加捻线工序。

捻线机的功能是捻紧松散的多股导线芯线。使用捻线机比手工捻线效率高、质量好。如图 2. 21 所示为一种捻线机，其机头上有如同钻卡头似的 3 个瓣。每瓣均可活动，机架上装有脚踏闭合装置。使用时，将被捻导线端头放入转动的机头内，脚踏闭合装置的踏板，活瓣即闭合，将导线卡紧。随着卡头的转动，在逐渐向外拉出导线的同时，松散的多股芯线即被朝一个方向捻紧。捻过的导线如不合格，可再捻一次。捻线的角度、松紧度，与拉出导线的速度、脚踏用力的程度有关，应根据要求适当掌握。捻线机还可制成与小型手电钻相似的手枪式，使用起来更为方便。

5. 打号机

打号机用于对导线、套管及元器件打印标记。常用打号机的构造有两种类型，一种类似于小型印刷机，由铅字盘、油墨盘、机身、手柄、胶轴等几部分组成，如图 2. 22 所示。操作时，按动手柄，胶轴通过油墨盘滚上油墨后给铅字上墨，反印在印字盘橡皮上。将需要印号的导线或套管在着油墨的字迹上滚动，清晰的字迹即再现于导线或套管上，形成标记。

另一种打号机是在手动打号机的基础上加装电传动装置构成。对于圆柱形的电阻、电容等元器件，其打标记的方法与导线相同。对于扁平形元器件，可直接将元器件按在着油墨的印字盘上，即可印上标记。

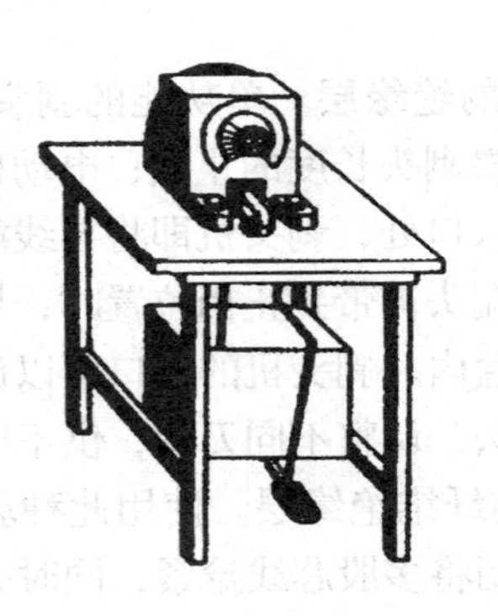

图 2. 21　捻线机

图 2. 22　打号机

塑胶导线及套管通常采用塑料油墨，元器件采用玻璃油墨。深色导线及元器件用白色油墨，浅色导线及元器件用黑色油墨。打号机在使用后要及时擦洗干净，铅字也要洗刷干净，以防时间长久油墨干燥后不易清除掉。

6. 浸锡设备

浸锡设备用于焊接前对元器件引线、导线端头、焊片及接点等热浸锡。目前使用较多的有普通浸锡设备和超声波浸锡设备两种类型。

（1）普通浸锡设备。普通浸锡设备是在一般锡锅的基础上加滚动装置及温度调整装置构成，如图 2.23（a）所示。操作时，将待浸锡元器件先浸蘸助焊剂，再浸入锡锅。由于锡锅内的焊料不停地滚动，增强了浸锡效果。浸锡后要及时将多余的锡甩掉，或用棉纱擦掉。

有些浸锡设备配有传动装置，使排列好的元器件匀速通过锡锅，自动浸锡，这既可提高浸锡的效率，又可保证浸锡的质量。

（2）超声波浸锡设备。超声波浸锡设备是通过向锡锅辐射超声波来增强浸锡效果的，它适用于对用一般锡锅浸锡较困难的元器件浸锡，其外形结构如图 2.23（b）所示。此设备由超声波发生器、换能器、水箱、焊料槽、加温控制设备等几部分组成。

（a）普通浸锡设备

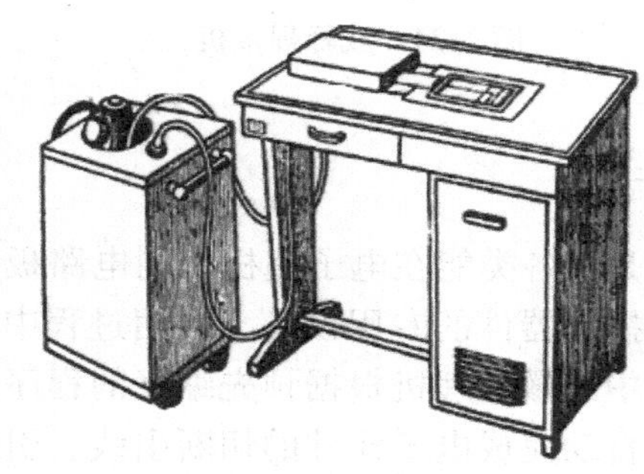

（b）超声波浸锡设备

图 2.23　浸锡设备

7. 波峰焊接机

波峰焊接机是利用焊料波峰接触被焊件，形成浸润焊点，完成焊接过程的焊接设备。波峰焊接机以机械焊接代替手工焊接，大大提高了生产效率。这种设备适用于印制电路板的焊接。

波峰焊接机分单波峰焊接机和双波峰焊接机两种机型。其中，双波峰焊接机对被焊处进行两次不同的焊接，一次作为焊接前的预镀焊锡（预焊），一次为主焊，这样可获得更好的焊接质量。

波峰焊接机的品牌、型号繁多，但工作原理基本相同。目前使用较多的波峰焊接机为全自动双波峰型，如图 2.24 所示。

8. 超声波清洗机

电路板在完成焊接后，要及时清洗其表面的各种残留污物（如残留的焊剂、焊料，多余的金属物，油污，汗渍，灰尘等），防止污物对电路板及元器件腐蚀，破坏电子产品的性能指标。超声波清洗机是用于清洗残留污物的清洗设备，主要适用于一般方法难于清洗干净及形状复杂、清洗不便的元器件清除油类等污物。

超声波清洗机由超声波发生器、换能器及清洗槽 3 部分组成，其外形如图 2.25 所示。其清洗原理为，当超声波清洗机中的超声波复变压力的峰值大于大气压力时，便产生空化，即在清洗液体中产生了许多充满气体或蒸气的空穴，这些空穴的最终崩溃能产生强烈的冲击波，作用于被清洗的元器件。对于渗透在污垢膜与元器件基体表面之间的这一强烈冲击，足以削弱污垢和油类微粒与基体金属的附着力，从清洗元器件的表面上清除掉油污或其他脏物，达到清洗的目的。

图 2.24　波峰焊接机

图 2.25　超声波清洗机

9. 插件机

插件机是指各类能在电子整机印制电路板上自动、正确装插元器件的专用设备。使用过程中，通常由插件机中的微处理机根据预先编好的程序去控制机械手，自动完成电子元件的切断引线、引线成型、插入印制板上的预制孔并弯角固定的动作。自动插件机一般每分钟能完成 500 件次的装插。如图 2.26 所示为一种卧式自动插件机。

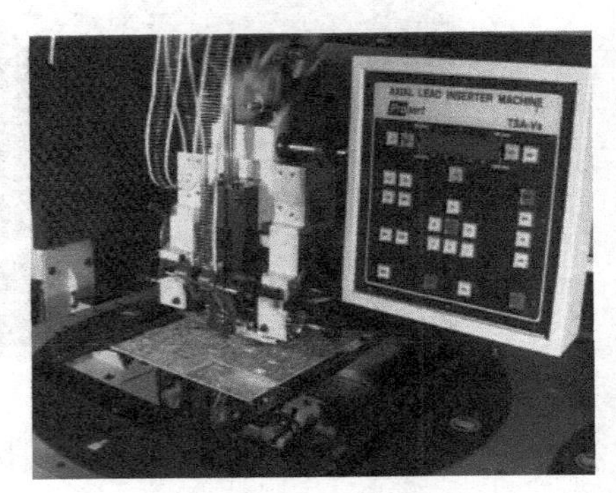

图 2.26　卧式自动插件机

10. 自动切脚机

自动切脚机用于切除电路板上元器件的多余引脚。如图 2.27 所示为自动切脚机外形与切角过程。它具有切除速度快、效率高、引脚预留长度可任意调节，且切面平整等特点。

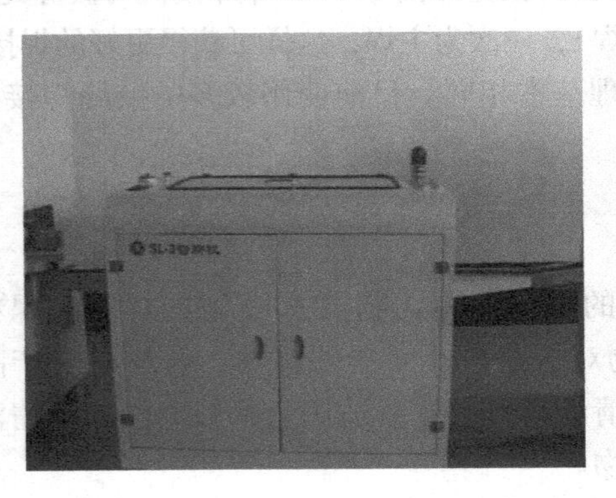

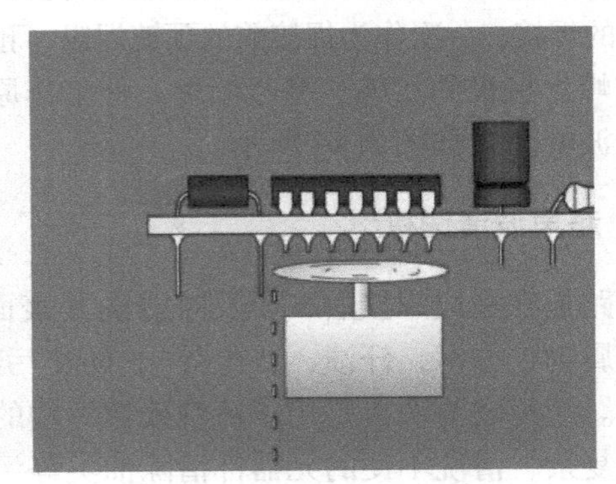

图 2.27　自动切脚机外形与切角过程

11. 自动元器件引脚成型设备

自动元器件引脚成型设备是一种能将元器件的引线按规定要求自动快速地弯成一定形状的专用设备。该设备能大大地提高生产效率和装配质量，特别适合大批量生产。常用的自动元器件引脚成型设备有散装电阻成型机、带式电阻成型机、IC 成型机、自动跳线成型机、电容及晶体管等立式元器件成型机等，其外形如图 2.28 所示。

12. 自动 SMT 表面贴装设备

自动 SMT 表面贴装设备是在电路板上安装 SMT 表面贴装元器件的设备的总称。它主要包括自动上料机和下料机、自动丝印机、自动点胶机、自动贴片机、自动回流焊接机、自动下料机等设备。其主要作用如下。

（1）自动上料机和下料机。分别完成预装电路板的输入和已焊电路板的输出工作。

（2）自动丝印机。用于在被焊电路板的焊点处丝印一层焊膏（焊料）。新型自动丝印机采用计算机图像识别系统来实现高精度印刷，刮刀由步进电动机无声驱动，容易控制刮刀压力和印层厚度。如图 2. 29 所示为高精度自动锡膏印刷机。

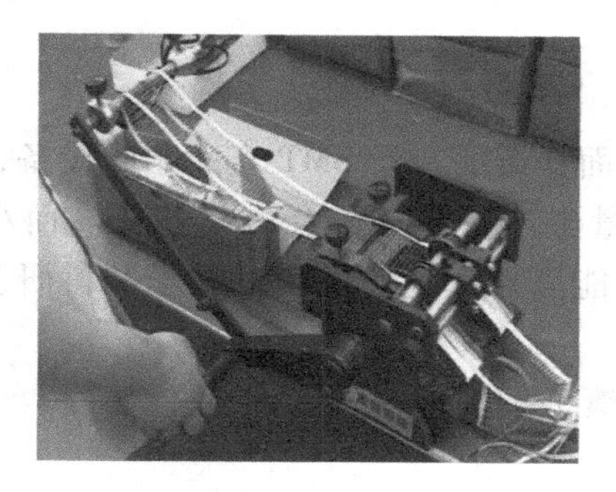

图 2. 28　自动元器件引脚成型机

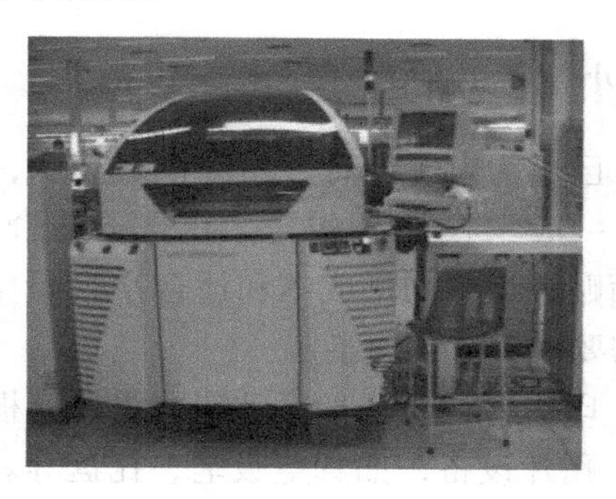

图 2. 29　锡膏印刷机

（3）自动点胶机。用于在被焊电路板的贴片元器件安装处点滴胶合剂（红胶）。这种胶的作用是固定贴片元器件，它在烘烤后才会固化。

（4）自动贴片机。贴片机是指各类能将贴片（SMT）元件正确地贴装在电子整机印制电路板上的专用设备的总称。通常由微处理机根据预先编好的程序，控制好机械手（真空吸头）将规定的贴片（SMT）元器件贴装到印制板上的预制位置（已滴红胶），并经烘烤使红胶固化，将贴片元器件固定。自动贴片机的贴装速度快，精度高。如图 2. 30 所示为三星的高精度、高速贴片机。

（5）自动再流焊接机。再流焊又称回流焊，是贴片元器件（SMT）的主要焊接方法。目前，使用最广泛的再流焊接机是热风式再流焊接机。它采用优化的变流速加热区结构，在发热管处产生高速的热气流，在电路板处产生低速大流量气流，保证电路板和元器件受热均匀，又不容易使元器件移位。如图 2. 31 所示是计算机热风式再流焊接机，它有 4 个单独控制的热风温区，可以完成预热、熔化、降温、固化等过程。

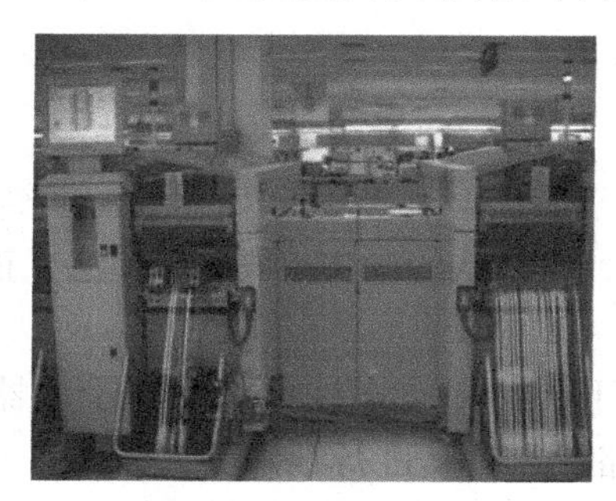

图 2. 30　元器件贴片机

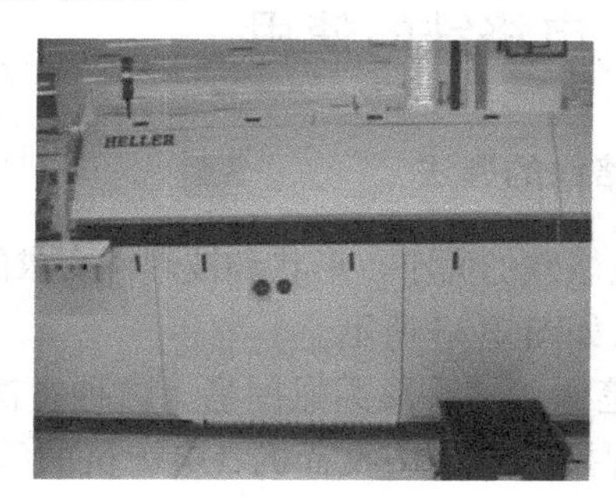

图 2. 31　再流焊接机

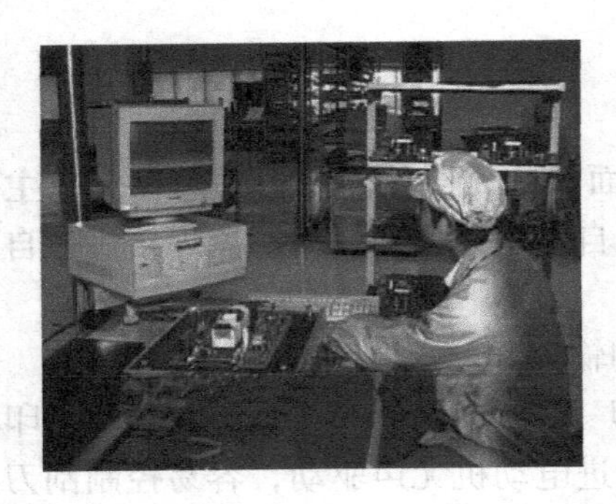

图 2.32　在线测试仪

13. 在线测试仪

在线测试仪是对已装配完成的电路板，进行电气功能和性能综合、快速测试的智能型设备。如图 2.32 所示为在线测试仪，它由电路板定位台、触针、触针控制台、计算机及专用编程与控制软件、数据采集卡及机柜等组成；具有测试精度高、速度快、测试电路的品种多、范围广、编程和操作简单方便等特点。

14. 小型手工 SMT 表面贴装设备

SMT 已成为电子信息产品的核心技术，但前面介绍的自动 SMT 表面贴装设备，价格比较昂贵，一般学校无法购置，并且不适合小批量生产，更不适合教学使用。而小型手工 SMT 表面贴装设备的低成本和适合小批量生产，能高效率地满足实践教学和科研及小批量生产的需要。其主要包括：

（1）印焊膏设备，如手动印刷机、模板、焊膏分配器、气泵等。

（2）贴片设备，如真空吸笔、托盘等。

（3）焊接设备，如再（回）流焊接机、电热风枪（电热风拔放台）等。

（4）检验维修工具，如电热风拔放台、台灯、放大镜等。

15. 小型 PCB（印制电路板）快速加工系统

小型 PCB 快速加工系统是针对科研、创新、产品开发样机及电子制作等少量印制电路板的快速加工而设计的。它主要由热转印（或静电转印）制板机、快速腐蚀机、打孔机等设备组成。

小型 PCB 快速加工系统的工作过程是：首先在计算机上完成 PCB 的设计，并用激光打印机将设计好的电路板图打印到转印纸上；然后用转印制板机将转印纸上的图案转印到覆铜板上，在覆铜板上得到的图案是具有抗腐蚀性能的碳粉，不需要另外加印油漆之类的防腐蚀涂层，即可直接放入快速腐蚀机中进行腐蚀，最后打孔完成 PCB 的制作。该系统的特点是：速度快，立即可取，成本低，操作简单方便。

2.4　电烙铁的使用

1. 电烙铁的握法

根据电烙铁的大小、形状和被焊件要求的不同，电烙铁的握法一般有笔握法、正握法和反握法 3 种，如图 2.33 所示。

（1）笔握法。手形类似握笔。这种方法适用于小功率电烙铁在小型电子电器及印制电路板上的焊接，如焊接收音机、电视机的印制电路板及对其进行维修等。

（2）正握法。四指握住电烙铁，大拇指压在电烙铁铁柄上，指向烙铁头方向，拳眼靠近导线。这种握法适用于中功率电烙铁或带弯头电烙铁的操作。

（3）反握法。用整只手握紧电烙铁，虎口靠近导线，拳眼靠近烙铁头。这种方法适用于大功率电烙铁焊接散热量较大的被焊件。

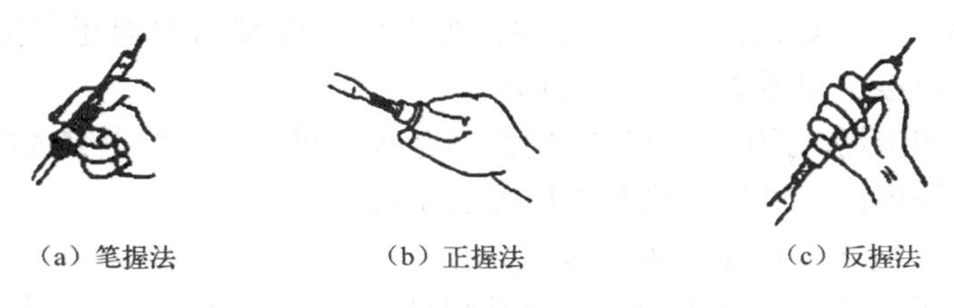

（a）笔握法　　（b）正握法　　（c）反握法

图 2.33　电烙铁的握法

2. 焊锡丝的拿法

把成卷的焊锡丝拉直并截成适当的长度，用不拿电烙铁的手拿着焊锡丝，根据焊锡丝头部熔化的速度和焊点的完成进度适当地向前送进。如图 2.34 所示是两种拿焊锡丝的方法，供操作者参考。在印制电路板的焊接中，焊点常常较小，用的焊锡丝比较细，也可以不剪成小段，直接从焊锡丝卷上取用，还可以剪下一长段绕在 4 个手指上，取用也很方便。

焊锡中由于含铅较多，而铅是对人体有害的重金属，具有毒性，因此操作时应尽可能戴手套，做到操作后洗手。焊剂加热时挥发出的化学物质对人体也是有害的，所以操作时头部不要距离烙铁头太近，否则容易将有害气体吸入体内。

图 2.34　焊锡丝的拿法

3. 手工焊接操作步骤

先根据焊件热容量大小及焊点的特点，选择适合的电烙铁功率和烙铁头。对于热容量大的焊件，采用 5 步焊接法进行操作，如图 2.35 所示。

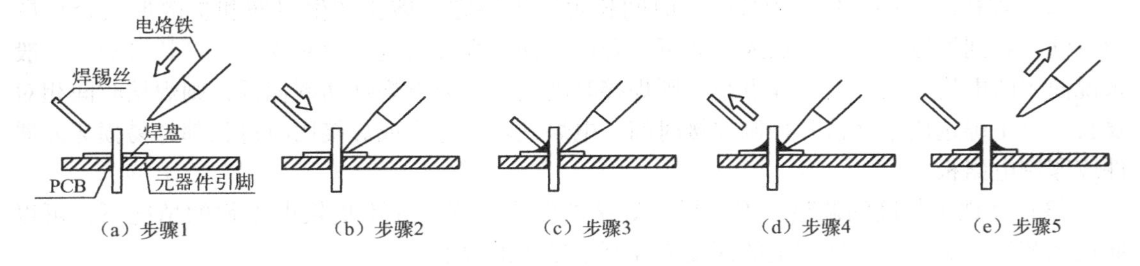

（a）步骤1　（b）步骤2　（c）步骤3　（d）步骤4　（e）步骤5

图 2.35　手工焊接 5 步焊接法

（1）准备施焊。将电烙铁、焊锡丝、焊件、焊剂等放在工作台上便于操作的位置，烙铁头预上锡。然后左手拿焊丝、右手握电烙铁，进入备焊状态，如图 2.35（a）所示。

（2）加热焊件。烙铁头靠在被焊件的连接处，加热焊点，如图 2.35（b）所示。操作时注意烙铁头的搪锡面靠在焊接点上，而且要对所有的被焊件同时加热（如印制电路板焊接就是同时加热焊盘和元器件引脚）。

（3）送入焊锡丝。焊点被加热到一定温度时，立即将焊锡丝送入并接触到焊接面，焊锡丝开始熔化，如图2.35（c）所示。注意，焊锡丝应该从烙铁头的另一面送入，不要把焊锡丝直接送到烙铁头上，焊锡丝熔化的同时烙铁头可在焊接处稍作移动以加速浸润。

（4）移开焊锡丝。当焊锡丝熔化适量后，迅速移开焊锡丝，如图2.35（d）所示。

（5）移开电烙铁。待焊锡浸润所有焊件，焊点已经成型而焊剂还未挥发完以前，立即移开电烙铁，结束焊接，如图2.35（e）所示。

焊接时，加热和熔锡时间因焊点热容量大小有所不同，一个焊点完成时间为2～5s。

对于热容量小的焊件，可将上述5步焊接法简化为3步。

（1）准备施焊。同5步焊接法第1步。

（2）加热与送丝。烙铁头和焊锡丝同时从焊件的两侧接触焊点，熔化适量的焊锡。

（3）移开焊锡丝和电烙铁。焊锡浸润、焊点成型时，立即同时拿开焊丝和电烙铁。

3步焊接法焊接的焊点小，焊接过程一般在3s内即可完成。焊接采用哪种方法，要根据所用电烙铁功率、焊点热容量来选择，实际焊接时，还可以结合自己的经验综合运用。焊接过程要控制好节奏，做到顺序准确、操作熟练、动作协调，可以通过大量的实践积累经验。

4. 焊接要求及注意事项

要获得高质量的焊点，同时又要保证元器件和印制电路板等焊件不致受损，除了勤加练习，不断提高焊接技术外，还要按照如下要求和注意事项去做。

（1）烙铁头的处理。新的电烙铁使用前必须先对烙铁头进行处理，也就是给烙铁头镀上一层焊锡。方法是：接上电源，当电烙铁温度升高时给烙铁头涂上松香以防止氧化，待温度升至能熔锡时，让焊锡丝熔化到烙铁头上，在上锡前烙铁头上不能缺松香。有的电烙铁在出厂前已经给烙铁头上过锡，那么可以省去这个操作，但使用前要检查上锡是否合格。电烙铁使用时可能会在烙铁头上沾上一些黑色杂质，可随时在烙铁架海绵槽内的湿布或含水木质纤维海绵上擦拭干净。有时烙铁头被烧死（严重氧化）不“吃锡”，如果是普通烙铁头，可以用锉刀去掉表面氧化层并作搪锡处理。注意，对于长寿命烙铁头，绝对不能使用这种方法。

（2）焊接时间的掌握。焊接时，时间长短以焊锡完全熔化产生浸润和扩散形成合金层为原则，看到焊锡浸开、焊点成型即可移开电烙铁。焊接时间上没有规定，可长可短，一般来说使用的电烙铁功率大、焊点小，则焊接时间短，如果电烙铁功率偏低，则焊接时间相对要长。要正确选用电烙铁和控制焊接时间，电烙铁功率过大或焊接用时过长都容易损坏元器件或印制电路板。

（3）烙铁头长度的调整。不同焊点焊接的温度不同，在不更换电烙铁的情况下，可以通过调节烙铁头插入烙铁芯上的深度来控制烙铁头的温度。

（4）焊锡量的掌握。焊点的用锡量应合适，过量的焊锡既增加了损耗、降低了工作速度，又容易造成焊点间的短路（特别是在高密度的电路中）；但是焊锡过少会使焊件之间结合不牢固，降低焊点强度，容易造成产品使用一段时间后焊点脱落（如电视机行输出变压器引脚，在多次热胀冷缩后出现脱焊）。

（5）引脚表面处理。库存积压或用过的元器件，引脚往往被氧化，需要进行清洁处理。可用刀片刮或细砂布擦去氧化层，然后给引脚镀上一层锡以防止再次氧化（此处理也称预焊）。收音机的天线线圈用漆包线绕成，焊接前需要将线头去漆并上锡。当然，新的元器件不必经过这样的处理，可直接焊接。

（6）电烙铁的放置。电烙铁不用时要随手放在烙铁架上，以避免伤人或损伤器材。电烙铁不要长时间通电而不使用，这样不仅缩短了烙铁芯的使用寿命，还会使烙铁头因长时间加热而加速氧化，甚至使烙铁头被“烧死”。

（7）焊接时不要对焊件施压。焊接时一般只要烙铁头与焊件接触就行，加压力不会使热传递加快多少，相反可能会造成被焊元器件的损伤或损坏。例如，中周、排插等的引脚由于是固定在不耐高温的塑胶件上，加压力会使引脚移位而损坏。

（8）助焊剂量的掌握。手工焊接时，助焊剂（松香）用量要合适，如果松香用得过多，焊接完后印制电路板上会留下残余的松香影响焊点美观，松香用得过少易出现虚焊。成品焊锡丝内含有松香，一般的焊接已能满足助焊的需求，焊接时间不要太长或多次焊接，这样松香挥发完后不仅起不到助焊的作用，还会留下松香废渣形成黑膜。

5. 焊点的质量检查

焊接完成后，应该对焊点仔细检查，必要时可借助于放大镜。

对于单面板，焊点形成仅局限于焊接面的焊盘上；而对于双面板或多面板，焊点形成不仅在焊接面焊盘上，还到了金属化孔内和元器件面的部分焊盘上。一个合格的焊点应该具有可靠的电气连接、足够的机械强度、光亮清洁的外观，其外观形状如图 2.36 所示。如图 2.37 所示是有缺陷的不合格焊点的外观形状。

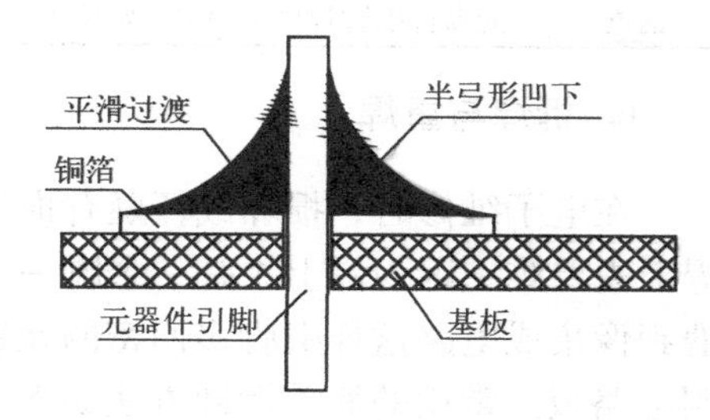

图 2.36　合格焊点的外观

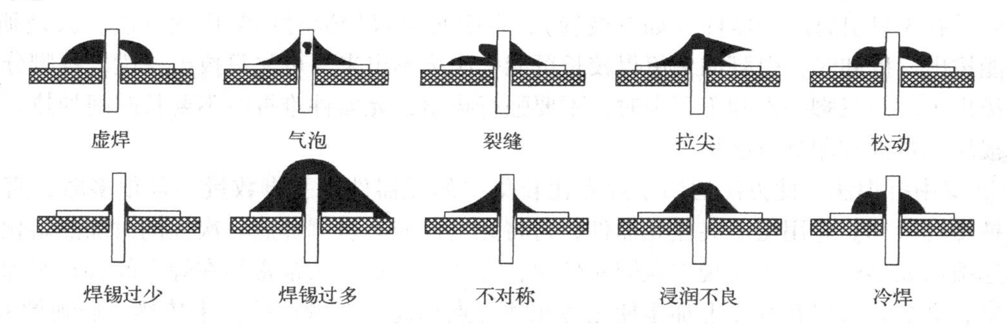

图 2.37　不合格焊点的外观形状

不合格焊点的种类、现象与主要原因如表 2.8 所示。

表 2.8　不合格焊点的种类、现象与主要原因

种　类	现　　象	主要原因
虚焊	引脚被焊锡包裹，看似焊住其实没有焊住	焊盘和引脚脏污、电烙铁温度偏低或加热时间不够造成焊锡不浸润或浸润不良
气泡	引线与焊盘之间有凸状隆起，内有空洞	引线与焊盘间隙过大、引线浸润不良等
裂缝	焊点的焊盘面、引脚面或焊锡有裂开现象	焊接时焊件抖动，焊料过少，在冷却收缩或机械力作用下也可能产生裂纹
拉尖	焊点出现尖端	助焊剂过少或加热时间过长造成助焊剂挥发、烙铁头撤离方向不对

续表

种　类	现　　象	主要原因
松动	导线或元器件引线可移动	导线或引线氧化造成虚焊或焊锡还没有完全凝固而移动了引线
焊锡过少	锡点太薄，不能将元器件铜皮充分覆盖	焊接时给锡过少
焊锡过多	元器件引脚完全被锡覆盖并形成外弧形	焊接时给锡过量
不对称	焊点不同部位焊锡量不同，造成焊点不对称	焊接时焊料未充分流动，与助焊剂不够、加热时间过短有关
浸润不良	焊锡没有浸满焊盘或引线	焊件氧化、助焊剂不良、加热不充分等造成浸润不够
冷焊	焊点表面呈豆腐渣颗粒状	焊件清理不干净、助焊剂不足或不良、电烙铁功率不够或加热时间短
短路	元器件引线与引线之间被多余的焊锡所连接短路（主要有桥接或连焊）	焊接时用锡过多、烙铁头移开时速度太慢或移开方向不对、焊接时间较长导致助焊剂已全部挥发等
偏位	元器件引脚焊接时偏离正常位置	焊前定位不准、焊接时碰触元器件或振动造成引脚偏离焊盘

6. 拆焊与重焊

在电子维修时，损坏或怀疑有损坏的元器件，需要从印制电路板上拆卸下来，拆下来比焊上去要难，因为焊上去是一个脚一个脚地焊，而拆下来常常要几个脚同时松脱才能拿下，遇到像集成电路这样引脚多而密的元器件，拆卸起来就更困难，弄不好还会损坏元器件或印制电路板。常用的简单拆卸方法如下。

（1）拆焊方法。

① 分点拆焊法。此方法适用于电阻、电容、二极管等分立元器件。拆卸时，先用镊子夹住一只引脚，再加热该脚，待焊点熔化后拔出；用同样的方法再拔出第二只引脚即可卸下元器件。有 3 只引脚的元器件（如三极管），在引脚离得较远时也常用此方法，只是须用 3 次才能拔出。拆卸时，引脚如果留得较长可能一次拔不出来，可先只拔出一段，各脚分几次就可拔出了。一只脚一次卸不下来时，不要强行拔出，元器件难拆时不要长时间加热，这样容易损坏元器件和印制电路板。

② 集中拆焊法。此方法适用于焊点比较集中的元器件。引脚数量不是很多时，直接用电烙铁即可拆卸。先用镊子夹住元器件，再将元器件所有引脚焊点一次性同时加热熔化，然后迅速拔出元器件。为了实现焊点同时熔化，操作时，烙铁头常常须在焊点间移动来保持焊点温度，必要时可以在焊点上加锡使之各相邻焊点相连（叫做桥接）来传热。遇到像 DIP16 这样的集成块，一人不便拆卸时，可以两人用两把电烙铁，一人负责熔化集成块一边的 8 只脚，操作时注意配合达到同步。引脚数量较多时，须用专门工具拆卸。

③ 剪断拆焊法。在元器件已经损坏和需要保护印制电路板的情况下，采用此方法。集成块一类的多脚元器件在集中拆卸时，焊点加热时间较长，对印制电路板有一定影响，特别是对计算机板一类的印制电路板可能导致焊盘脱落而报废。印制电路板损坏后，修理就失去了意义，所以为了保护印制电路板，采用将集成块引脚从根部逐个剪断、再逐个将断脚拆除的方法卸掉集成块。

（2）拆焊措施。

① 吸锡器拆焊法。使用吸锡器或吸锡电烙铁，在焊点熔化时将焊锡吸掉实现焊盘与引脚分离。吸锡器和吸锡电烙铁的使用前面已有介绍，不再重复。这个方法不损伤元器件，但

一次只能清除一个焊点，有时可能有焊锡吸不尽的情况，效率较低。

② 排锡管拆焊法。用医用空心针头自制排锡管，使用效果很好，在拆卸行输出变压器、显像管座等大型器件引脚时效果明显。拆卸时，选用针筒内孔能插入元器件引脚同时针筒又能穿透焊盘通孔的针头，将所有引脚与焊盘逐个分离后就可拿出元器件。空心针头一次虽然只能拆一个焊点，但引脚与焊盘分离彻底，且元器件卸掉后焊盘通孔已经疏通，效率较高。

③ 吸锡材料拆焊法。利用多股铜芯线、屏蔽编织层、细铜网等作为吸锡材料，使用前先将吸锡材料浸上松香酒精溶液，并置于需拆的焊点上，电烙铁通过吸锡材料加热焊点，焊锡被吸锡材料吸附并带走，焊点随即拆开。吸锡材料只能一次性使用，吸上焊锡的部分须剪去。该方法简便易行，不损伤印制电路板，但拆后印制电路板较脏，需清洗。

④ 专用工具拆焊法。集成电路一般采用专用烙铁头或热风枪拆卸。不同封装的集成块须用不同规格的专用烙铁头，这种烙铁头可以同时加热所有焊点，一次拆下集成块。热风枪主要用于表面贴装元器件的焊接和拆卸，所有引脚一次焊接或拆卸。另配有形状各异的风嘴，用于拆装不同形状大小的集成块。使用专用工具拆焊速度快、效率高、不易损伤元器件。

⑤ 毛刷拆焊法。即用毛刷将熔化的焊锡刷掉。该方法简单易行，只要有一把电烙铁和一把小毛刷即可。拆卸时，将引脚上的焊锡熔化后，趁机用毛刷扫掉熔化的焊锡，这样就可以使引脚与印制电路板分离。该方法可分脚进行，也可分列进行。拆焊时对元器件和印制电路板损伤相对较大，所以拆捍时间不能过长。

（3）元器件重新焊接。

① 疏通焊盘通孔。可用捅针、吸锡器、吸锡材料或者直接用电烙铁疏通所有通孔。

② 引脚去锡。拆下的元器件如果没有问题可以再用，重新焊上以前先用电烙铁将元器件所有引脚上多余的焊锡去尽，否则引脚可能插不进通孔。

③ 焊上元器件。将所需的元器件插入焊好。重新焊上的元器件，其引线长度、折弯形状、离电路板高度等应该与原来元器件相同，因拆装动过的其他元器件要恢复原状，使电路分布参数基本不变，换上的若是可调元器件，还得重新调整。

任务与实施

1. 任务

声控彩灯印制电路板的制作。

2. 任务实施器材

（1）每台计算机配有“声控彩灯”原理图与 PCB 板图。
（2）配备电烙铁、烙铁支架、小刀、橡皮擦、尖嘴钳、偏口钳、镊子等工具。
（3）配备松香、焊锡少许。
（4）三氯化铁、酒精、腐蚀用的容器、夹子等。
（5）装有 Protel 软件的计算机、打印机、热转印机、热转印纸、剪板机等。
（6）小型台式钻床和钻头。

3. 任务实施过程

（1）根据印制电路板的实际设计尺寸剪裁覆铜板。

（2）打印印制电路板图，并将印制电路板图转印到覆铜板的铜箔面上。

（3）修补图形，配好三氯化铁腐蚀液进行腐蚀。

（4）清洗干净墨迹后，用小型台式钻床打出焊盘的通孔。

（5）为了防止铜箔表面氧化和便于焊接元器件，在打好孔的印制电路板铜箔面上用毛笔蘸上松香水（用酒精加松香泡成的助焊剂）轻轻地涂上一层，晾干即可。

（6）查阅资料，确定选择元件器的类型及型号。

（7）辨别各种类型的元件器，识别各种元件器上的各种标志及标称值。

（8）清理元器件引线表面。

（9）元器件引线预成型。

（10）元器件的插装。

（11）元器件的焊接。

（12）对装配好元器件的印制电路板进行检查，根据焊接检验标准对焊点进行检验。

（13）用电烙铁将缺陷焊点焊锡熔化，同时用吸锡电烙铁将焊锡吸走。

（14）用吸锡电烙铁或金属网线对元器件进行拆焊。

（15）重新对焊接部位进行焊接。

4. 评分标准

项目内容		分　值	评分标准	
绘制打印		5 分	打印分析、原因	效果
热转印		5 分	常用的热转印机有哪些型号、特点与使用要求	效果
腐蚀清洗		5 分	环保腐蚀机有哪些型号、特点与使用要求？还可以用哪些腐蚀方法对覆铜板进行腐蚀	效果
打孔		10 分	常用的打孔机有哪些型号、特点与使用注意事项	效果
插接元器件		10 分	在插接元器件过程中用到哪些成型工具？具体的使用方法是怎样的？还用到哪些工具	效果
焊接		25 分	常用的电烙铁有哪些？在焊接过程中有哪些要求？如何对焊接质量进行分析？对 SMT 元器件可以使用哪些设备	效果

续表

项目内容		分 值	评分标准	
调试		10分	使用哪些测试仪器、仪表进行测试？这些仪器、仪表如何使用	效果
演示		5分	自我评价	效果
其他	印制电路板检查	10分	1. 工具及仪表使用不当　每次扣5分 2. 印制电路板检查的方法不正确　扣10分	
	印制电路板拆焊与补焊	10分	1. 工具及仪表使用不当　每次扣5分 2. 印制电路板拆焊的方法不正确　扣10分 3. 损坏元器件或印制电路板　每个扣5分	
学习态度、协作精神和职业道德		5分		
安全文明生产		违反安全文明操作规程，扣10～20分		
定额时间		6小时，训练不允许超时，每超时10分钟扣5分		
备注	分值和评分标准可根据实际情况进行设置与修改		成绩：	

作业

1. 常用的焊锡种类有哪些？
2. 助焊剂的作用有哪些？
3. 覆铜板的性能指标有哪些？选用时要考虑哪些因素？
4. 列举尖嘴钳、斜口钳、钢丝钳在电子产品装配中的用途，并说明它们的主要区别。
5. 合格的焊接点要满足哪些要求？
6. 常见的焊接方法有哪些？
7. 元器件引线成型的要求有哪些？
8. 元器件的插装需注意哪些问题？
9. 手工焊接的操作要领有哪些？
10. 常见焊点的缺陷有哪些？并对其形成原因进行分析。
11. 一般焊接点的拆焊方法有哪些？
12. 波峰焊接工艺的一般步骤有哪些？
13. 再流焊接技术的一般工艺流程是什么？
14. 焊膏的选用一般考虑哪些问题？
15. 贴片的质量应考虑哪些要素？
16. SMT贴片常见的质量问题有哪些？可能造成缺陷的原因有哪些？

3 项目3

编制电子产品成套技术文件

项目要求

技术文件是电子整机产品研究、设计、试制与生产实践经验积累所形成的一种技术资料，也是产品生产、使用和维修的基本依据。在电子产品规模生产的制造业中，产品技术文件具有生产法规的效力，必须执行统一的标准。通过学习电子产品技术文件的分类和作用、设计文件内容和工程图纸、电子产品的工艺文件等内容，了解电子产品成套技术文件和工艺文件的编写内容、方法和要求，从而达到会编写项目的成套技术文件的要求。

【知识要求】

- 熟悉电子产品在成品前的基本工艺流程。
- 了解电子产品在装配过程中所要用到的图、文、表的内容和作用。
- 了解有关图形符号的规定及习惯用法，学习正确绘制电子技术图的基础知识。
- 理解电子产品工艺文件的编制原则、编制方法和要求。
- 掌握电子产品工艺文件的格式和填写方法。

【能力要求】

- 通过电子产品的工艺文件示例，学会电子产品的技术文件和工艺文件的编制方法。
- 通过项目编写电子产品的成套工艺文件。

3.1 电子产品技术文件的分类和作用

3.1.1 概述

在电子产品开发、设计、制作的过程中，形成的反映产品功能、性能、构造特点及测试试验要求的图样和说明性文件，统称为电子产品的技术文件，由于该技术文件主要由各种形式的电路图构成，所以技术文件又称为电子工程图。

产品技术文件是电子产品从设计、试制、生产、检验到使用、储运，从销售服务到使用维修全过程的基本理论依据。在专业生产厂，产品技术文件分为设计文件和工艺文件两大类，还可细分为设计文件、工艺文件和研究试验文件等。

产品技术文件的特点主要表现在产品的标准化、格式化、制度化管理的规范性和保密性上。它的基本要求是标准化。标准化的依据是关于电气制图和电气图形符号的国家标准。这些标准有电气制图标准 GB/T 6988. X—199X、电气图形符号标准 GB/T 4728. X—199X、电气设备用图形符号标准 GB/T. X—200X 等。这些标准详细规定了各种电气符号、电气用图及项目代号和文字符号等。

按照国家标准，工程技术具有严谨的格式，包括图样编号、图幅、图栏、图幅分区等。其中，图幅、图栏等采用与机械制图兼容的格式，便于技术文件存档和成册。

3.1.2 设计文件的分类

设计文件是产品在研究、设计、试制和生产实践过程中积累而形成的图样及技术资料。它规定了产品的组织形式、结构尺寸、原理及在制造、验收、使用、维护和修理过程中所必需的技术数据和说明，是组织生产的基本依据。

1. 产品分级

按照特征和用途，电子产品的结构可以分为以下等级。

（1）零件。对于电子整机产品制造企业来说，零件是组成产品的基本单元，是指那些由一定材料制成、具有一定名称和型号、不需要再进行装配加工的产品。例如，各种电子元器件、印制板或一定长度的导线。整机产品制造厂一般靠外购或订货得到零件。

（2）部件。在整机产品制造厂里，部件由零件或材料构成，是通过装配工序组成的部分连接、不具有独立用途的中间产品。例如，产品的机壳、组装了部分元件的面板、焊接了导线的组合开关等。部件的来源可以是外加工，也可以由本企业组织生产。

（3）整件。整件是通过装配工序完成连接的、具有独立结构、独立用途和一定通用性的产品（某些部件也可以作为整件）。例如，完成装配、焊接、调试的电路板组件或通信系统中的接收器、发射器、放大器等。个人计算机中的声卡、显卡或多媒体音响的音箱，在整机厂里也属于整件。

（4）成套设备（整机）。整机是由一定基本功能的整件连接构成的，能够完成某项完整功能的产品；若干台整机又能组成成套设备。整机和成套设备不需要制造厂用装配工序连接起来，而是在使用环境下进行安装与连接。民用产品（如计算机、多媒体音响等）、专用设备（如稳压电源、示波器等）都属于这一类。

2. 设计文件编制原则

编制设计文件时，其内容和组成应根据产品的复杂程度、继承程度、生产批量、组织生产的方式，以及试制与生产等特点区别对待。在满足组织生产和使用要求的前提下，要按照少而精的原则编制设计文件。

3. 设计文件的分类

（1）按绘制的过程和使用特征不同，设计文件可分为草图、原图、底图、复印图和载有程序的媒体。

① 草图：设计产品时所绘制的原始图样。它是供生产和设计部门使用的一种临时性设计文件，它也可用徒手方式绘制。

② 原图：供绘制底图用的设计文件。对原图的要求较高，原图一般经描绘成底图后即进入档案室，不经常使用。

③ 底图：作为确定产品及其组成部分的基本凭证图样，用以印制复印图的一种设计文件。

④ 复印图：用底图复制的图样，分晒制复印图（蓝图）、照相复印图和印制复印图。

⑤ 载有程序的媒体：随着计算机的日益普及及其功能的不断完善，不少产品以软件开发为主，把这类载有完整独立功能程序的媒体也列为图的一种。

（2）按表达的内容不同，设计文件可分为图样、简图、文字或表格。

① 图样：以投影关系为主绘制，用于说明产品加工和装配要求的技术文件，常以机械性零部件为多见，如收音机外壳图、手工加工图等。

② 简图：以图形符号为主绘制，用于说明产品电气装配、连接、各种原理和其他示意性内容的技术文件，如电原理图、方框图、接线图等。

③ 文字或表格：以文字或表格方式说明产品技术方面和组成情况的设计文件，如技术标准、整件明细表等。

（3）按形成的过程不同，设计文件可分为试制文件和生产文件。

① 试制文件：设计性试制过程中所编制的各种设计文件。试制阶段是对新设计产品通过实践获得正确认识的过程，也是设计图纸逐步正确、完善的过程。因此，试制文件一般以草图为主。

② 生产文件：设计性试制完成后，经整理修改，为进行生产（包括生产性试制）所用的设计文件。

4. 设计文件的编号方法和成套性

（1）设计文件编号方法。一般将设计文件按规定的技术特征（功能、结构、材料、用途、工艺）分为10级，每级分10类，每类分10型，每型分10种。在特征标记前，冠以汉语拼音字母表示企业区分代号，在特征标记后标出3位数字表示登记号，最后是文件简号。

示例如图 3.1 所示。

(2) 设计文件成套性。产品设计文件的成套性，是以产品为整件所编制的设计文件的总和。电子设备设计文件的成套性如表 3.1 所示。元器件和零件产品设计文件的成套性如表 3.2 所示。

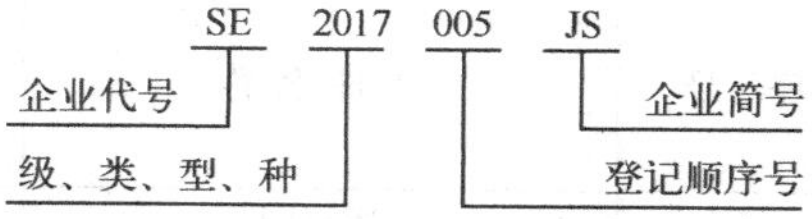

SE 2017 005 JS

企业代号

级、类、型、种

企业简号

登记顺序号

图 3.1 文件编号方法

表 3.1 电子设备设计文件的成套性

序 号	文 件 名 称	文件简号	产 品		产品组成部分		
			成套设备	整机	整件	部件	零件
			1 级	2、3、4 级	5、6 级	7、8 级	
1	产品标准		★	★			
2	零件图						★
3	装配图			★	★	★	
4	外形图	WX		○	○	○	○
5	安装图	AZ	○	○			
6	总布置图	BL	○				
7	频率搬移图	PL	○	○			
8	方框图	FL	○	○	○		
9	信号处理流程图	XL	○	○	○		
10	逻辑图	LJ	○	○			
11	电原理图	DL	○	○	○		
12	接线图	JL		○	○	○	
13	线缆连接图	LL	○	○			
14	机械连接图	YL	○	○	○	○	
15	机械传动图	CL	○	○	○	○	
16	其他图	T	○	○	○	○	
17	技术条件	JT			○	○	○
18	技术说明书	JS	★	★	○		
19	说明	S	○	○	○	○	
20	表格	B	○	○	○	○	
21	明细表	MX	★	★	★		
22	整件汇总表	ZH	○	○			
23	附件及工具汇总表	BH	○	○			
24	成套运用文件清单	YQ	○	○			
25	其他文件	W	○	○	○	○	

注：在“产品组成部分”中，当零件只需绘制外形轮廓图时，则不应绘制零件图。表中“★”表示必须编制的文件，“○”表示这些设计文件的编制，应根据产品的性质、生产和使用而定。

表 3.2 元器件和零件产品设计文件的成套性

序 号	文 件 名 称	文件简号	产 品		产品组成部分		
			成套设备	整机	整件	部件	零件
			1 级	2、3、4 级	5、6 级	7、8 级	
1	产品标准		★	★			
2	零件图			★			★
3	装配图		★		★	★	
4	外形图	WX					

续表

序 号	文件名称	文件简号	产 品		产品组成部分		
			成套设备	整机	整件	部件	零件
			1 级	2、3、4 级	5、6 级	7、8 级	
5	逻辑图	LJ	○				
6	电原理图	DL	○		○		
7	接线图	JL	○		○	○	
8	其他图	T	○		○	○	
9	技术条件	JT			○	○	○
10	使用说明书	SS	○				
11	说明	S	○	○	○	○	
12	表格	B	○	○	○	○	
13	明细表	MX	★		★		
14	其他文件	W	○	○	○	○	

注：在表 3.1 和表 3.2 中，“其他图”（T）、“说明”（S）、“表格”（B）和“其他文件”（W）4 个文件简号的下角允许加脚注。脚注可以使用数字或字母，脚注为序号时，应从本身开始算起，如 S_0、S_1 等。

3.2 设计文件内容和工程图纸

3.2.1 设计文件的内容

1. 装配图

装配图是用来表示产品中元器件及零部件与印制板相互连接关系的图样。装配图一般包括下列要求与内容。

（1）要有足够数量的视图，以保证获得产品组成部分的位置和相互连接关系的完整概念。单面板装配图，只需要画一个视图。若两面均装有很多元器件，应画两个视图。

（2）元器件一般用图形符号表示，或全部用实物表示，但不必画出细节，有时只用简化的外形轮廓表示。

（3）在装配图上需标注整个产品的外形尺寸、各零部件之间安装尺寸、与其他产品连接的位置和尺寸。

（4）装配过程中的加工要求。如果在装配过程中需要用选配或配制等方法来保证配合精度，则应在装配图中说明选配的技术要求、配制方法及检验方法等。

（5）装配图一般可不画印制导线，装配图有实物装配图和印制板装配图等。FM/AM 收音机装配图如图 3.2 所示。

读装配图时，首先应看标题栏，了解图的名称、图号，接着看明细栏，了解图样中各零部件的序号、名称、数量、材料等内容，分别按序号找到每个零部件画在装配图上的位置。然后仔细分析装配图上各个零件的相互位置关系和装配连接关系等。在看清、看懂装配图的基础上，根据工艺文件的要求，对照装配图进行装配。

2. 零件图

零件图是表示零部件形状、尺寸、所用材料、标称公差及其他技术要求的图样。套筒零件图如图 3.3 所示。

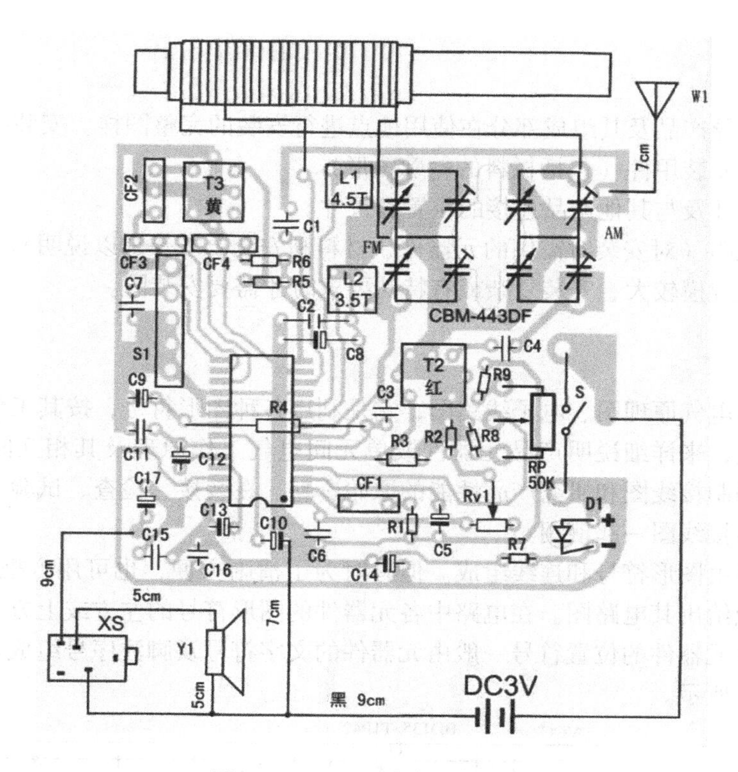

图 3.2 FM/AM 收音机装配图

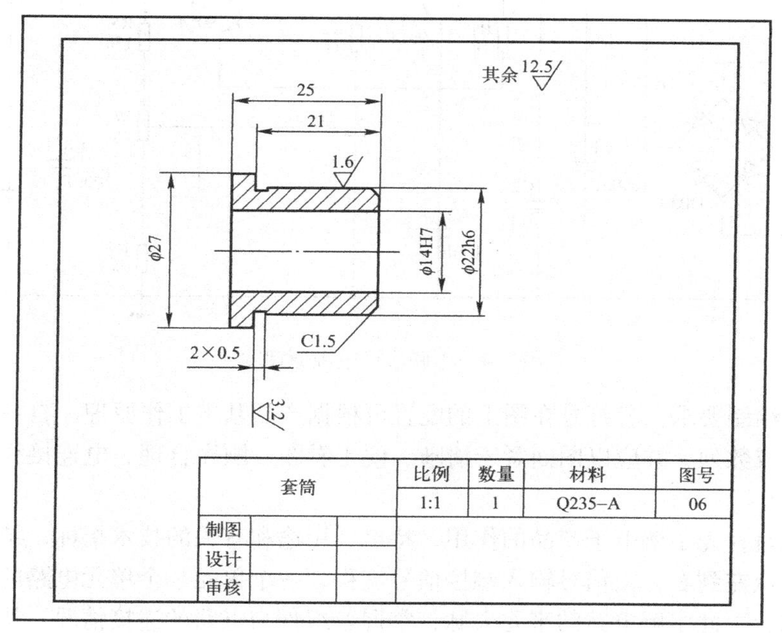

图 3.3 套筒零件图

零件图的识读方法：首先从标题栏了解零部件的名称、材料、比例、实际尺寸、标称公差和用途，然后从已给的视图中初步了解该零部件的大致形状，最后根据给出的几个视图，运用三视图投影关系读出零部件的形状结构。

3. 安装图

安装图是指导产品及其组成部分在使用地点进行安装的完整图样。安装图上应包括：

(1) 产品的安装用件（包括材料的轮廓图形）。

(2) 产品尺寸及与其他产品连接的位置和尺寸。

(3) 安装说明（对安装时需用的元器件、材料和安装要求等加以说明）。

只有当产品规模较大、安装复杂或有特殊要求时才需要安装图。

4. 电路图

电路图又称电气原理图、电子线路图，它是利用各种图形符号，按其工作顺序排列，不考虑其实际位置，来详细说明产品元器件或单元间电气工作原理及其相互间连接关系的简图，是设计、编制接线图和研究产品性能的原始资料。在装接、检查、试验、调整和使用产品时，电路图与接线图一起使用。

电路图主要由图形符号和连线组成。但有时为了清晰方便，也可用方框表示某些单元，此时应另外单独给出其电路图。在电路中各元器件的图形符号的左方或上方应标出该元器件的位置符号。各元器件的位置符号一般由元器件的文字符号及脚注序号组成。串联稳压电源原理图如图 3.4 所示。

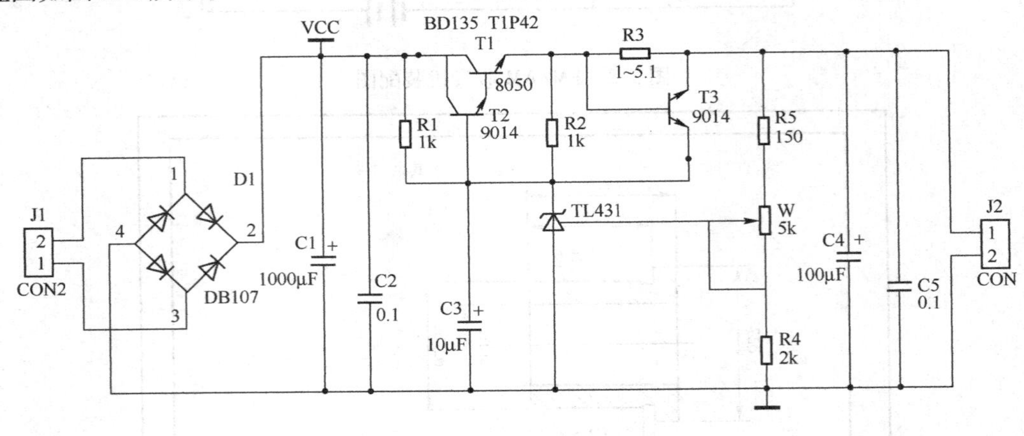

图 3.4　串联稳压电源原理图

电路图的绘制要求：各符号在图上的配置可根据产品基本工作原理，自左至右、自上而下地排成一列或数列，并应以图面紧凑清晰、便于看图、顺序合理、电连接线最短和交叉最少为原则。

读电路图时，先了解电子产品的作用、特点、用途和有关的技术指标，结合电原理方框图从上到下、从左到右，由信号输入端按信号流程，一个单元一个单元电路的熟悉，一直到信号的输出端，由此了解电路的来龙去脉，掌握各组件与电路的连接情况，从而分析出该电子产品的工作原理。

5. 接线图

接线图是表示各零部件的相对位置关系和相互连接情况的简图，供产品的整件或部件内部布线和检查故障时使用。在制造、调整、检查和使用产品时，接线图应与电原理图一起使用。常用的有直连型、简化型和接线表等。如图3.5所示为简单的电度表接线图。

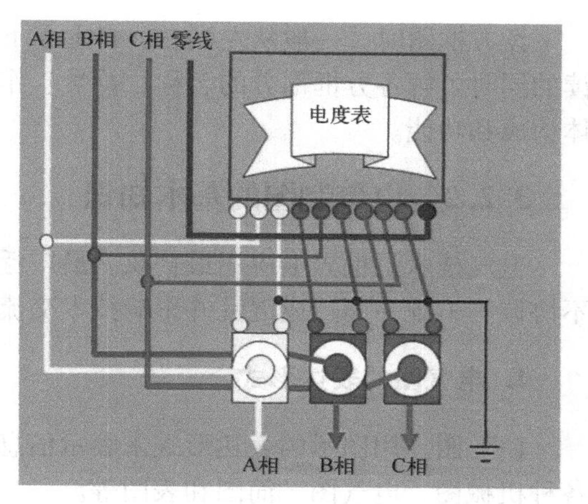

图3.5 电度表接线图

对于较复杂的产品，当一个接线面不能清楚地表达全部接线关系时，可以将几个接线面分别给出。绘制时，应以主接线面为基础。当有个别元器件的接线关系不能表达清楚时，可采用辅助视图（剖视图、局部视图、向视图等）来说明，并在视图旁注明是何种辅助视图。

在看接线图时应先看标题栏、明细表，然后参照电原理图，看懂接线图，再按工艺文件的要求将导线接到规定的位置上。

6. 方框图

方框图用来反映成套设备、整件和各个组成部分及它们在电气性能方面的基本作用、原理和顺序。系统图或方框图是用符号或带注释的框，概括地表示系统或分系统的基本组成、相互关系及其主要特征的一种简图。方框图的具体要求如下。

（1）每一个能完成独立作用的分机、整件或元器件组合及在结构上独立的整件，在图上应以矩形、正方形或图形符号表示。

（2）分机、整机或构件按其所起作用和相互联系的先后次序，在图上一般应从左到右、自上而下排成一列或数列。在矩形、正方形内或图形符号上应按其主要作用标出它们的名称、代号、主要特性参数或主要元器件的型号等。

（3）各分机、整件或构件间的连接用实线表示，机械连接以虚线表示，并在连接线上用箭头表示其作用过程和作用方向。

（4）必要时，可在连接线上方标注该处的基本特性参数，如信号电平、阻抗、频率、传送脉冲的形状和数值、各种波形等。

当作用波形需要详细表示时，可对能上能下波形所在位置标上位置号，而将波形按位置顺序集中画在图上空白处，以清楚地表明各点波形相互间的时间关系。超外差收音机的原理方框图如图3.6所示。

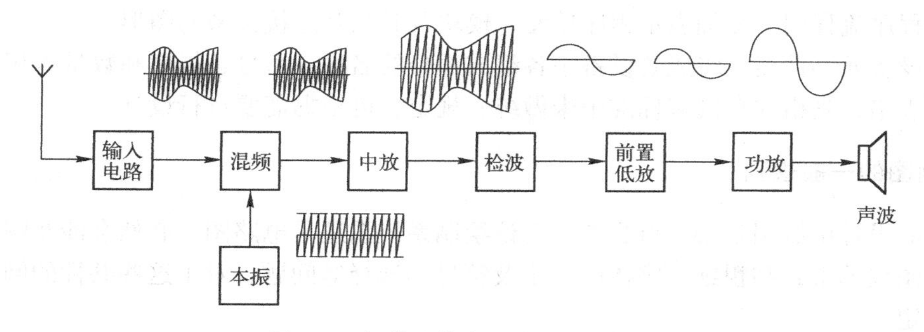

图3.6 超外差收音机的原理方框图

读方框图时，一般从左到右、自上而下地识读，或根据信号的流程方向进行识读，在识读的同时了解各方框部分的名称、符号、作用及各部分的关联关系，从而掌握电子产品的总体构成和功能。

3.2.2 电气制图的基本知识

电气技术是世界上应用最普及、最广泛的工程技术之一。为避免各专业部门之间因标准不协调、不统一而造成混乱并影响技术交流，国际上，电气制图方法有专业统一的标准。

1. 电气图的表达形式

(1) 图。用图示的表达形式来表示信息的一种技术文件。图是一种广泛的概念，它包括各种机械图、电气图、简图和表图等。

(2) 简图。用图形符号、带注释的框图简化外形表示系统或设备中各组成部分之间相互关系及连接关系的一种图。系统图、方框图、逻辑图等都属于简图的范围。

(3) 表格。把数据等内容按纵横排列的一种表达形式，用以说明系统、成套装置设备中各组成部分的相互关系和连接关系，用以提供工作参数，如设备元器件表、接线表等。

2. 电气图的种类和用途

电气图除了有电路图、系统图、方框图、接线图和接线表外，还有功能图、逻辑图、等效电路图、程序流程图和设备元器件表等。

(1) 功能图。表示理论的或理想的电路而不涉及其实现方法的一种简图。其用途是为绘制电路图和其他简图提供依据，也可用于说明电路的工作原理和人员的技术培训。纯逻辑图和等效电路图都属于功能图。

(2) 逻辑图。用二进制逻辑单元符号绘制的一种简图。逻辑图有纯逻辑图和详细逻辑图两种，纯逻辑图只表示功能而不涉及其实现方法，详细逻辑图不仅要表示其功能而且要表示出实现该逻辑功能的方法。严格地说，逻辑图并非是一个独立的图种，因为纯逻辑图是功能图的一种，而详细逻辑图实际上是电路图的一种。电路图和详细逻辑图的用途和定义都是一样的，只是前者以一般的元器件符号为主，后者则以二进制逻辑单元符号为主，在现代电气技术中，电路图和逻辑图是不可分割的，区分电路图和逻辑图主要看该图的特征比重。

(3) 等效电路图。表示理论的或理想的元器件及其连接关系的一种功能图，主要供分析、计算电路特征和状态之用。

(4) 程序流程图。详细表示程序单元、模块及其相互连接关系的图形。

(5) 设备元器件表。将成套设备中各组成部分的名称、型号、规格和数量等相应数据汇集而成的表格，其格式在国家标准中未做统一规定，可根据需要自行设计。

3. 制图的一般规则

在产品设计中制图是必不可少的，无论绘制系统图还是电路图，必然会涉及图纸的幅面和格式、图线的形式和粗细、字体的大小及符号的选择等问题，对于这些共性的问题必须有统一的规定。

(1) 图纸的幅面及选用。国标 GB 6988.2 推荐的两种尺寸系统与 ISO 5457—1980《技术制图图纸幅面及格式》及 GB 4457—84《机械制图图纸幅面及格式》所规定的内容是一致的，但是根据电气图的特点，不采用国家标准中的 A5 幅面。常用的基本幅面尺寸和加长幅面尺寸如表 3.3 所示。加长主要对 A3 和 A4 幅面图纸而言，基本方法是以 A3 或 A4 幅面的长边为基础，以短边的倍数加长。

表 3.3　图纸的幅面尺寸

基本幅面尺寸		加长幅面尺寸	
代号	尺寸（mm）	代号	尺寸（mm）
A0	841 × 1189	A3 × 3	420 × 891
A1	594 × 841	A3 × 4	420 × 1189
A2	420 × 594	A4 × 3	297 × 630
A3	297 × 420	A4 × 4	297 × 841
A4	210 × 297	A4 × 5	297 × 1051

另有 Orcad、Letter、Legal、Tabloid 图纸等几种类型。

（2）图纸格式与标题栏。图框的尺寸根据图纸是否需要装订和幅面的大小来确定。需要装订时，装订的一边要留出装订边；不需要装订时，图纸的 4 个周边尺寸相同，如图 3.7 所示。装订时，一般采用 A4 幅面竖装，或 A3 幅面横装。

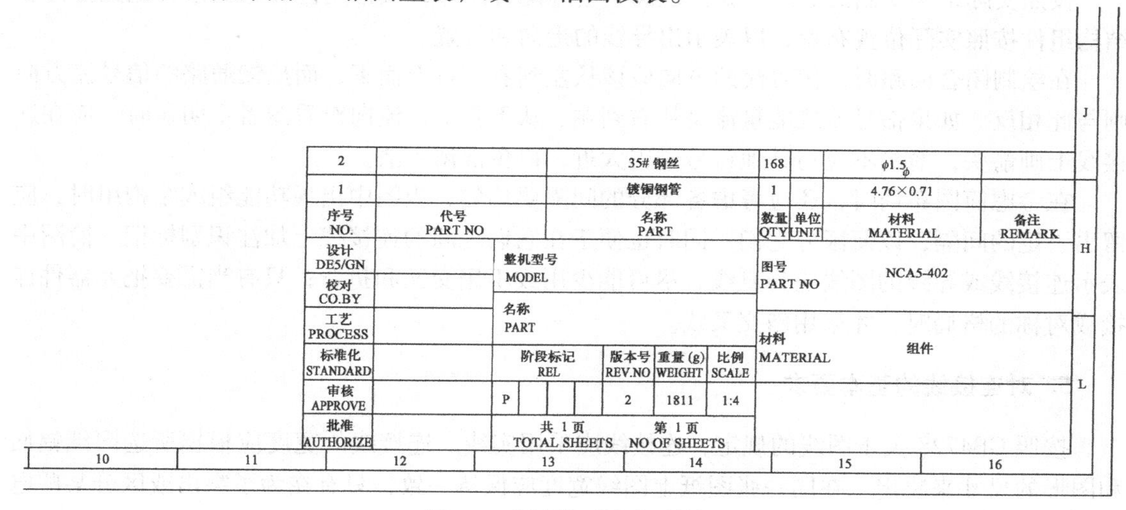

图 3.7　图纸格式与标题栏

标题栏主要包括图纸名称、图号、张数、更改和有关人员签署等内容。标题栏一般位于图纸的下方或右下方。

（3）图线的形式。常用的图线形式有实线、虚线、点画线和双点画线 4 种。各线形的应用如表 3.4 所示。

表 3.4　图线的形式

名　　称	形　　式	应 用 范 围
实线	————————	基本线、简图主要内容用线、可见轮廓线及可见导线等
虚线	------------------------	辅助线、机械连接线、不可见轮廓线、不可见导线等
点画线	—·—·—·—·—	分界线、结构边框线、功能边框线及分组边框线等
双点画线	——··——··——	辅助边框线

（4）字体。汉字、字母和数字是图的重要组成部分，字体必须符合标准，排列整齐，间距均匀。按照 GB 6988.2—86《电气制图一般规则》及 GB 4457.3—84《机械制图字体》的规定，汉字应采用长仿宋体；字母可以用直体、斜体、大写或小写；数字可以用直体或斜体；字体的高度为 20mm、14mm、10mm、7mm、5mm、3.5mm、2.5mm 共 7 种，宽度约等于字体高度的 2/3。为了缩放和图面清晰，字体最小高度推荐如表 3.5 所示。

表 3.5　图纸的幅面与字体高度对应关系

基本图纸幅面	A0	A1	A2	A3	A4
字体最小高度（mm）	5	3.5	2.5	2.5	2.5

4. 简图布局

简图布局的基本原则是：分布合理、排列均匀、图面清晰、读图方便。表示设备功能和工作原理的简图，特别是电路图和逻辑图采用功能布局法，即将电路划分为若干功能，按因果关系，从左到右、自上而下布置。每个功能组内的元器件应集中布置在一起，尽量按工作顺序排列。

按照实际结构绘制的简图，如接线图、电缆配置图等，应采用位置布局法，把元器件和结构组件按照实际位置布置，以表示出导线的走向和位置。

在绘制闭合回路时，信号流的方向应该从左到右、自上而下，而反馈通路的信号流方向则与此相反。如果信号流或能量流是从右到左、从下到上，流向对看图者不明显时，应在连接线上画箭头，箭头不应与其他符号靠得太近，以免混淆不清。

在考虑简图布局时，还应考虑各部分的间隔要均匀，当图中出现功能组或结构组时，应留出一定的间隔，以便区分它们，同时也便于在它们之间的连接线上加注识别标记。简图中表示连接线或导线的图线应为直线，尽可能少用或不用交叉和折弯；只有当需要把元器件连接成对称的格局时，才采用斜交叉线。

5. 对连接线的基本要求

按照 GB4728 关于图线的规定，连接线应采用实线。连接线的宽度应根据所选图纸幅面和图形的尺寸来决定。在同一张图纸上图线宽度应保持一致，只有在为了突出或区分某些电路或功能时才采用不同粗细的实线，如信号主通道、主回路等。

3.2.3　图形符号

通常用于图样或其他文件以表示一个设备或概念的图形、标记或字符，统称为图形符号。或者说，图形符号是通过书写、绘制、印刷或其他方法产生的可视图形，是一种以简明易懂的方式来传递一种信息，表示一个实物或概念，并可提供有关条件、相关性及动作信息的工业语言。

电气图形符号一般包括图用图形符号、设备用图形符号、标志用图形符号和标注用图形符号等。它们的表达形式和应用范围大不相同。应用最多的是电气图用图形符号。正确地识别和绘制各种电气图形符号是电气制图与读图的基本功。

国家标准 GB 4728.1—4728.13《电气图用图形符号》规定了各类图形符号、符号要素、限定符号和通用的其他符号，同时还规定了符号的绘制方法和使用规则。

（1）尽可能采用优选型和标准型。

（2）在满足要求的情况下，尽可能地采用最简单的形式。

（3）GB 4728 规定，连接线或导线的连接点可以用小圆点（结点），也可以不用小圆点表示，但在同一份图上只能采用其中的一种方法。

（4）元器件符号一般都没有端子符号，即引线末端不画端子符号，但如果端子符号是图形符号的一部分则应画出。例如，表示导线直接连接或导线接头中的小圈圈时就不能省略。

（5）图形符号的大小和符号图线的粗细不影响符号的含义，符号的含义只由其形式决定。一般可直接采用 GB 4728 中给出的符号尺寸，如果需要也可以把符号的尺寸放大。

（6）大多数符号的取向是任意的。在不改变符号含义的前提下，符号可以按图面布置的需要按 90°的倍数旋转或取镜像状态，特殊需要处可按旋转 45°来绘制。

3.2.4　系统图、框图和电路图的绘制

1. 系统图和框图的绘制

系统图或框图的基本特点是它所描述的对象是系统的基本组成和主要特征，而不是全部组成和全部特征，描述是概略的而不是详细的。它的基本组成是图形符号、带注释的框和连线。系统图与框图原则上没有什么区别，在实际使用中，系统图常用于系统和成套装置，而框图则多用于分系统和设备。

系统图和框图以带有注释的实线框及连接线为主要要素，框内的注释可以采用文字、符号或同时采用文字和符号。在绘制系统图及框图时所采用的各种图形符号应符合国家标准 GB4728《电气图用图形符号》的规定，而且应尽可能使用带限定符号的方框符号而少用或不用元器件的图形符号。在框图上需要使用《电气图用图形符号》未规定的其他图形符号时，应采用其他的国家标准或专业标准中已经标准化的符号，必要时可在符号旁边加注文字说明。

由于系统图和框图在较高层次描述对象，因此图中的一些代表元器件的图形符号只是用来表示某一部分的功能，而并非与实际的元器件一一对应。

2. 电路图的绘制

电路图是采用图形符号并按其工作功能排列，详细表示电路的原理、基本组成部分和连接关系的一种简图。它是电气技术文件中使用范围最广、描述对象最多的一种图。一个电气设备的系统图或框图只能概略地表达其工作原理，倘若要详细了解设备的工作原理、电路构成及功能等问题，只有通过电路图才能得到详尽的表达。此外，电路图也是绘制接线图、接线表及元器件清单等文件的依据。电路图通常是根据系统图或框图的基本组成分别绘制而成的。电路图描述的连接关系仅仅是功能关系而不是实际的连接导线，因此电路图不能代替接线图。

在电路图的绘制过程中为了使图面整洁、简明，常常采用中断线的方法。中断线的两个端子有时在同一幅面上，也有可能延伸到其他幅面。为了在阅读、分析电路图及在维修过程中能迅速查明中断线的来龙去脉，了解各元器件在图纸上的位置，绘制电路图时常常用坐标法、电路编号法和表格法来标明中断线、元器件的位置。

坐标法就是将整个图纸的幅面划分成许多矩形的小区域，并用字母和数字给予编号。一

般在竖边框用A、B、C、D…对横行编号，在横边框用数字1、2、3、4…对纵列编号，即分度编号，也称分区编号。

对于一些各分支的电路，可采用电路编号法对电路或分支电路用数字编号来表示其位置。数字编号应按自左向右、自上而下的顺序排列。

表格一般安置在图的右边缘，表格中的项目代号与相应的图形符号在垂直方向或水平方向对齐。这种位置表示法在寻找元器件时特别方便，对元器件的归类和统计也很有帮助。应当注意的是，表格中的项目代号不能代替电路图中的项目代号，在图中的图形符号旁仍需注明其项目代号。

3.3 电子产品的工艺文件

3.3.1 工艺文件的内容

1. 概述

(1) 工艺与工艺文件。工艺是将相应的原材料、元器件、半成品等加工或装配成为产品或新的半成品的方法和过程。工艺通常以工艺文件的形式来表示。工艺是人类在劳动过程中积累并经过总结的操作技术经验。

按照一定的条件选择产品最合理的工艺过程（即生产过程），将实现这个工艺过程的程序、内容、方法、工具、设备、材料及每一个环节应该遵守的技术规程，用文字和图表的形式表示出来，称为工艺文件。

工艺文件也是指导工人操作和用于生产、工艺管理等的各种技术文件的统称。工艺文件是企业进行生产准备、原材料供应、计划管理、生产调度、劳动力调配等管理的主要技术依据，是加工操作、安全生产、技术、质量及检验的技术指导。

(2) 工艺流程（工艺过程）与工艺规程。工艺流程是劳动者使用设备和工具直接改变生产对象的形状、尺寸和性能使之成为具有一定使用价值的产品的过程。

工艺规程是规定产品或零件制造工艺过程和操作方法等的工艺文件，是工艺文件的主要部分。工艺规程按使用性质分为3种：专用工艺、通用工艺和标准工艺（典型工艺细则）。

① 专用工艺规程是专为某产品或某组装件的某一工艺阶段编制的一种工艺文件。

② 通用工艺规程是某些工序的工艺方法经长期生产考验已定型，并已被纳入标准的工艺文件。

③ 标准工艺规程用于编制适用于同类专业的技术指导性工艺文件。

(3) 工艺管理、工艺方案、工艺设备与工艺装备。

① 工艺管理是工艺工作的主要内容之一。它包括企业内部属于微观的工艺管理和各级管理部门属于宏观的工艺管理。企业的工艺管理是在一定的生产方式和条件下，按一定的原则、程序和方法，科学地计划、组织和控制各项工艺工作的全过程，是保证整个生产过程严格按工艺文件进行活动的管理科学。

② 工艺方案是指对新材料、新工艺的试验及产品制造所拟订的实施方案。工艺总方案则是根据产品设计要求、生产类型和企业的生产能力，对整个产品的工艺技术准备工作，提

出全面任务和措施的指导性技术文件。

③ 工艺设备（简称设备）是完成工艺过程的主要设备，如各种机床、加热炉、电镀槽及装联设备等。

④ 工艺装备（简称工装）是产品制造过程中所用的各种工具的总称，包括刀具、夹具、模具、量具、检验工具、钳工工具和工位器具等。

（4）工序与工步。

① 工序也称作业。工序是工艺过程的一个组成部分，是一个（或一组）工人，在一个工作地上（如一台机床或一个装配位置）对一个（或几个）劳动对象所完成的一切连续活动的总和。产品生产一般要经过若干道工序。

② 工步是工艺按特点所划分的一个组成部分，其特征是设备的工作规范、工艺性质、加工面和所用的工具都不变。如果这些因素中有一个发生变化，就出现另一个新的工步。例如，砂型工人手工制型时，先填满上型箱，然后填满下型箱，这是一个工序的两个工步。

（5）工艺文件的编号及简号。工艺文件的编号是指工艺文件的代号，简称“文件代号”。它由4个部分组成：企业区分代号、该工艺文件的编制对象（设计文件）、十进制分类编号和工艺文件简号。示例如图3.8所示。

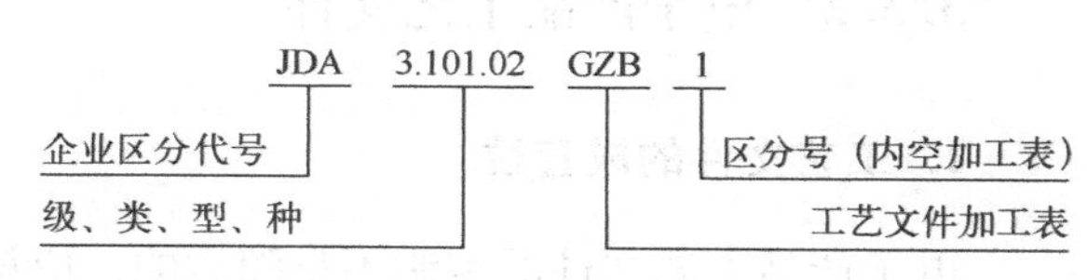

图3.8　工艺文件编号示例

2. 编制工艺文件的原则与要求

工艺文件是企业组织与指导生产、工艺管理、质量管理和经济核算等的主要技术依据，成套的工艺文件是产品生产定型的依据之一，所以工艺文件的编制要做到正确、完整、统一、清晰。

工艺文件也是指导操作者生产、加工、操作的依据。对提高工人技术水平，保证产品质量，提高生产效率，保证安全生产，降低材料消耗及生产成本等都具有重要作用。因此，在编写过程中要考虑到以下几个方面。

（1）编制工艺文件，应以保证产品质量、稳定生产为原则。要根据产品批量大小和复杂程度区别对待。生产一次性产品时，可根据具体情况编写临时工艺文件或对照借用同类产品的工艺文件。

（2）编制工艺文件应以用最经济、最合理的工艺手段进行加工为原则；要考虑到车间的组织形式和设备条件，以及工人的技术水平等情况。

（3）对于未定型的产品，可不编制工艺文件。如果需要，可编写部分必要的工艺文件。

（4）工艺文件应以图表为主，使工人一目了然，便于操作，必要时可加注简要说明。

（5）凡属装配工人应知应会的工艺规程内容，工艺文件中不再编入。

工艺文件与设计文件同是指导生产的文件，两者是从不同角度提出要求的，设计文件是原始文件，是生产的依据；而工艺文件是根据设计文件提出的加工方法，以实现设计图纸上的要求，并以工艺规程和整机工艺文件的图纸指导生产，以保证产品生产任务的顺利完成。

3. 电子产品技术文件的计算机处理与管理

计算机的广泛应用使技术文件的制作、管理已经全部电子文档化。在当今的技术环境下，某些手工制作的技术文件已很难使用或无法使用。例如，以前手工贴制的PCB板图拿到PCB制板厂去制板，现在就几乎无法完成，所以，掌握电子产品技术文件的计算机辅助处理方法及过程是十分必要的。

用计算机处理、存储电子工程文件，省去了传统的描图、晒图，减少了存储、保管的空间，技术文件的修改、更新和查询都非常容易。但正因为电子文档太容易修改且不留痕迹，误操作和计算机病毒的侵害都可能导致错误，带来严重的后果，所以应当建立适宜的文件管理系统，其内容如下所述。

(1) 必须认真执行电子行业SJ/T 10629.1—6《计算机辅助设计文件管理制度》的规定，建立设计文件的履历表，对每份有效的电子文档签字、备案。

(2) 定期检查、确认电子文档的准确性，存档备份等。

(3) 文件发放、领用、更改等应按程序办理审批签署手续，并进行记录。

3.3.2 电子产品工艺文件

1. 工艺文件的成套性

电子产品工艺文件的编制不是随意的，应该根据产品的生产性质、生产类型，产品的复杂程度、重要程度及生产的组织形式等具体情况，按照电子行业标准SJ/T 10320—1992对工艺文件的成套性要求，分别规定了产品在设计定型、生产定型、样机试制和一次性生产时的工艺文件成套性标准来编制。

工艺文件的成套性是为组织生产、指导生产，进行工艺管理、经济核算和保证产品质量的需要，以产品为单位所编制的工艺文件的总和。因此，工艺文件的成套性在产品生产定型时尤其应该加以重点审核。

(1) 成套设备、整机产品工艺文件的成套性如表3.6所示。

表3.6 成套设备、整机产品工艺文件的成套性

序号	文件名称	所用格式代号	产品		产品组成部分		
			成套设备	整机	整件	部件	零件
1	工艺文件封面	GS1 GH1	○	★	○	○	×
2	工艺文件目录	GS2 GH2	○	★	○	×	×
3	工艺流程图(1)	GS3 GH3	○	○	○	○	
4	加工工艺工程卡片	GS5 GS5a GH5 GH5a	×	×	×	○	★
5	导线及线扎加工表	GS14 GH14	×	×	○	○	×
6	装配工艺过程卡片	GS16 GS16a GH16 GH16a	×	★	★	★	×

续表

序号	文件名称	所用格式代号	产品		产品组成部分		
			成套设备	整机	整件	部件	零件
7	工艺说明	GS17 GH17	○	○	○	○	○
8	配套明细表	GS20 GH20	○	○	○	○	×
9	材料消耗工艺定额明细表	GS23 GH23	×	★	★	×	×

注：表中“★”表示必须编制的文件，“○”表示这些文件的编制可根据需要而定；“×”表示不应编制的文件。GS、GH分别表示工艺文件的竖式、横式格式。

（2）元器件和零件、材料产品工艺文件的成套性如表3.7所示。

表3.7　元器件和零件、材料产品工艺文件的成套性

序号	文件名称	所用格式代号	产品			产品组成部分		
			器件	元器件	零件、材料	整件	部件	零件
1	工艺文件封面	GS1 GH1	★	★	★	○	×	×
2	工艺文件目录	GS2 GH2	★	★	★	○	×	×
3	工艺流程图（1）	GS4 GH4	★	○	○	○	○	×
4	加工工艺过程卡片	GS5 GS5a GH5 GH5a	×	×	★	×	○	★
5	工艺卡片	GS11 GH11	★	○	○	★	★	○
6	元器件引脚成型工艺表	GS12 GH12	○	○	×	○	×	×
7	导线及线扎加工卡片	GS14 GH14	×	×	×	×	○	○
8	装配工艺过程卡片	GS16 GS16a GH16 GH16a	○	★	×	○	○	×
9	工艺说明	GS17 GH17	○	○	○	○	○	○
10	检验卡片	GS19 GH19	○	○	○	○	○	○
11	配套明细表	GS20 GH20	○	○	×	×	×	×
12	自制工艺装备明细表	GS21 GH21	★	★	○	×	×	×
13	材料消耗工艺定额汇总表	GS24 GH24	★	★	★	×	×	×

注：表中“★”表示必须编制的文件，“○”表示这些文件的编制可根据需要而定；“×”表示不应编制的文件。GS、GH分别表示工艺文件的竖式、横式格式。

2. 工艺文件封面、工艺文件明细表

（1）工艺文件封面（GS1、GH1）。作为产品的全套工艺文件或工艺文件装订成册的封面。工艺文件装订成册有两种情况，一般应以产品某个零件、部件或整机的全部工艺文件装订成册，某些产品也可以以某种专业工艺文件装订成册。

（2）工艺文件明细表（GS2、GH2）。工艺文件明细表反映了该产品工艺文件的成套性。工艺文件明细表是工艺文件归档时成套的依据，是产品移交工艺文件的清单，便于查阅每一种整件、部件和零件所具有各种工艺文件的名称、页数和装订的册数。工艺文件明细表格式如表 3.8 所示。

表 3.8　工艺文件明细表格式

	工艺文件明细表			产品名称或型号		产品图号
	序号	文件代号、名称	零、部、整件图号	零、部、整件名称	页数	备注
使用性						
旧底图总号						

底图总号	更改标记		数量	文件号	签字	日期		签字	日期	
							制表			
							审核			共　页
日期	签字						标准化			
							批准		第　册	第　页

3. 加工、装配工艺过程卡片

加工、装配工艺过程卡片用于编制以工序为单位说明产品零、部件加工全过程的工艺过程，表明工艺过程中各工序的具体内容和要求。

加工、装配工艺过程卡片的主要作用是生产计划部门作为车间分工和安排生产计划的依据，并据此建立台账，进行生产调度；又作为工艺部门的专业工艺人员编制工艺文件分工的依据。加工、装配工艺过程卡片格式如表3.9所示。

表3.9　加工、装配工艺过程卡片格式

	加工、装配工艺过程卡片						装配件名称		装配件图号
	序号	装入件及辅助材料		车间	工序号	工种	工序（工步）内容及要求	设备及工装	工时定额
		图号、名称	数量						
	注：填写绘制工艺简图								
使用性									
旧底图总号									

底图总号	更改标记	数量	文件号	签字	日期	签字		日期	
						制表			
						审核			
日期	签字								
								第　册	第　页

4. 工艺说明（GS17）

工艺说明用于编制某一零、部、整件具体工艺技术要求或各种工艺规程的工艺文件。它可供绘制工艺简图、编制文字说明及其他表格的补充文件用；也可供编制规定格式以外的其他工艺文件用，如装配及调试说明等。它常用来编制在其他格式上难以表达清楚、重要的和复杂的工艺。工艺说明文件格式如表3.10所示。

表3.10 工艺说明文件格式

	工艺说明及简图					名称		编号或图号	
						工序名称		工序编号	
使用性									
旧底图总号									
底图总号	更改标记	数量	文件号	签字	日期	签字		日期	
						制表			
						审核			
日期	签字								
								第 册	第 页

5. 自制工艺装备明细表（GMB）

自制工艺装备明细表格式如表 3.11 所示。

表 3.11　自制工艺装备明细表格式

自制工艺装备明细表								产品名称		产品图号
序号	使用于零部件		工序		工装			部门		备注
	图号	名称	编号	名称	名称	编号	数量			

使用性
旧底图总号

底图总号	更改标记	数量	文件号	签字	日期	签字		日期	
						制表			
						审核			
日期	签字								
								第　册	第　页

6. 配套明细表（GS20）

配套明细表格式如表 3.12 所示。

表 3.12　配套明细表格式

	配套明细表				产品名称		产品图号
	序号	图号	名称	数量	送料部门	接收部门	备注
使用性							
旧底图总号							

底图总号	更改标记	数量	文件号	签字	日期	签字		日期	
						制表			
						审核			
日期	签字					标准化			
						批准		第　册	第　页

7. 材料消耗工艺定额明细表

材料消耗工艺定额明细表格式如表 3. 13 所示。

表 3. 13　材料消耗工艺定额明细表

	材料消耗工艺定额明细表							产品名称			产品图号	
	序号	图号	名称	件数	材料名称及代号	材料规格	编号	每（）件（套）			材料利用率（%）	材料使用率（%）
								净重（kg）	毛重（kg）	工艺定额（kg）		
使用性												
旧底图总号												

底图总号	更改标记	数量	文件号	签字	日期	签字		日期	
						制表			
						审核			
日期	签字					标准化			
						批准		第　册	第　页

注：表中“编号”填写各企业对材料的自行编号。

8. 检验卡

检验卡格式如表 3.14 所示。

表 3.14 检验卡格式

	检验卡		产品名称			产品图号		
	检验单位	被检工序号	委托检验单位			送交单位		
	序号	检测内容及技术要求	检测方法	检验器具		全检	抽检	备注
				名称	规格精度			
使用性								
旧底图总号								

底图总号	更改标记	数量	文件号	签字	日期	签字		日期	
						制表			
						审核			
日期	签字					标准化			
						批准		第 册	第 页

注：表中“序号”填写执行检验工序车间（部门）的名称或代号；“图号”填写 GS5、GH5 或 GS16、GH16 中的被检工序编号。

9. 工艺卡片（GS11）

工艺卡片格式如表 3.15 所示。

表 3.15 工艺卡片格式

	工艺卡片		产品名称		编号	产品图号
			产品图号			
	设备仪器		动力		安全措施	
	名称	代号（规格）				
使用性						

	部件、零件、材料				工具	
旧底图总号	名称	代号	牌号	规格	名称	代号

底图总号	更改标记	数量	文件号	签字	日期	签字		日期	
						制表			
						审核			
日期	签字					标准化			
						批准		第 册	第 页

注：“动力”栏填写该工序所需动力（电、气、水）的种类及规格。

10. 导线及线扎加工卡片（GS14）

导线及线扎加工卡片格式如表 3. 16 所示。该加工卡片是用于编制部件、整件、产品内部电路连接所需的导线及线扎加工的工艺文件。

表 3. 16　导线及线扎加工卡片格式

	导线及线扎加工卡片					产品名称			产品图号			
	序号	线号	名称、 牌号、规格	颜色	数量	导线长度（mm）		连接点 Ⅰ	连接点 Ⅱ	设备及工装	工时定额	备注
						名称	规格精度					
使用性												
旧底图总号	绘制导线及线扎的工艺简图											

底图总号	更改标记	数量	文件号	签字	日期	签字		日期	
						制表			
						审核			
日期	签字					标准化			
						批准		第　册	第　页

注：表中“连接点Ⅰ”和“连接点Ⅱ”填写导线的去向；“设备及工装”填写导线加工所需要设备及工装的名称、型号和编号。

11. 工艺文件更改通知单

工艺文件更改通知单格式如表 3. 17 所示。

表 3. 17 工艺文件更改通知单格式

更改单号	工艺文件更改通知单		产品名称		第 页	
			零部件名称		图号	
	生效日期	更改期限	更改原因		处理意见	
	更改前标记		更改后标记			

底图总号	更改标记	数量	文件号	签字	日期	签字		日期	
						制表			
						审核			
日期	签字					标准化			
						批准		第 册	第 页

注：表中“更改单号”填写更改通知单归档顺序编号；“更改期限”填写工艺文件更改完毕的期限。

3.4 电子产品工艺文件示例

R－218T 型调频调幅收音机采用专用大规模集成电路 CAX1691M AM/FM，具有灵敏度高、选择性好、电源电压范围宽、整机输出功率大等特点。表 3.18 ～表 3.23 列出了生产 R－218T型调频调幅收音机的工艺文件封面、工艺文件明细表、配套明细表、加工工艺过程卡片、导线及线扎加工卡片和装配工艺过程卡片。

表 3.18 工艺文件封面

工 艺 文 件

共 8 册
第 1 册
共 6 页

产品型号：R－218T

产品名称：调频调幅收音机

产品图号：机电 1.001.001

本册内容：元器件工艺、导线加工
基板插件 、焊接装配

批准：

年　　月　　日

表 3.19　工艺文件明细表

	工艺文件明细表			产品名称或型号		产品图号
				R－218T 调频调幅收音机		
	序号	文件代号、名称	零、部、整件图号	零、部、整件名称	页数	备注
	1	G1		工艺文件封面	1	
	2	G2		工艺文件明细表	2	
	3	G3		配套明细表	3	
	4	G4		加工工艺过程卡片	4	
	5	G5		导线及线扎加工卡片	5	
	6	G6		装配工艺过程卡片	6	
使用性						
旧底图总号						

底图总号	更改标记		数量	文件号	签字	日期	签字		日期	
							制表			
							审核			共 6 页
日期	签字						标准化			
							批准		第 1 册	第 2 页

表 3.20　配套明细表

	配套明细表				产品名称		产品图号
					R－218T 调频调幅收音机		
	序号	图号	名称	数量	送料部门	接收部门	备注
	1	R1	电阻 RT114－220Ω	1			
	2	R2	电阻 RT114－2. 2kΩ	1			
	3	R3	电阻 RT114－220Ω	1			
	4	C7	电容 CC1－1pF	1			
	5	C10	电容 CC1－15pF	1			
	6	C2、C3、C4	电容 CC1－30pF	1			
	7	C8	电容 CC1－180pF	1			
	8	C17	电容 CC1－103	1			
	9	C11	电容 CC1－473	1			
使用性	10	C6、C21、C22	电容 CC1－104	3			
	11	C16、C18	电容 CD11－1μF	2			
	12	C9、C15	电容 CD11－4. 7μF	2			
	13	C5、C19	电容 CD11－10μF	2			
	14	C20、C23	电容 CD11－10μF	2			
旧底图总号	15	L1	0. 47mm 16 圈电感	1			
	16	L2	0. 47mm 7 圈电感	1			
	17	L3	0. 6mm 7 圈电感	1			
	18	L4	0. 47mm 7 圈电感	1			
	19	CF1	L10. 7A 陶瓷滤波器	1			
	20	CF2	465B 陶瓷滤波器	1			
	21	T1	AM 本振线圈（红）	1			
	22	T2	AM 中周（白）	1			
	23	T3	FM 鉴频中周（绿）	1			
	24	BE	耳机插口	1			
	25	RP	音量开关电位器	1			

底图总号	更改标记	数量	文件号	签字	日期	签字		日期	
						制表			
						审核			
日期	签字					标准化			
						批准		第 1 册	第 3 页

表 3.21　加工工艺过程卡片

	加工工艺过程卡片						装配件名称		装配件图号
							R－218T 调频调幅收音机		
	序号	装入件及辅助材料		车间	工序号	工种	工序（工步）内容及要求	设备及工装	工时定额
		图号、名称	数量						
	1	R1	1	实训室		装配	左：10 右：10		
	2	R2	1	实训室		装配	左：10 右：10		
	3	R3	1	实训室		装配	左：10 右：5		
	4	C7	1	实训室		装配	左：10 右：10		
使用性	5	C10	1	实训室		装配	左：10 右：10		
	6	C2、C3、C4	1	实训室		装配	左：10 右：10		
	7	C8	1	实训室		装配	左：10 右：10		
	8	C17	1	实训室		装配	左：10 右：10		
	9	C11	1	实训室		装配	左：10 右：10		
	10	C6、C21、C22	3	实训室		装配	左：10 右：10		
	11	C16、C18	2	实训室		装配	左：8 右：8		
	12	C9、C15	2	实训室		装配	左：8 右：8		
	13	C5、C19	2	实训室		装配	左：8 右：8		
	14	C20、C23	2	实训室		装配	左：8 右：8		
	15	L1	1	实训室		装配	左：8 右：8		
	16	L1	1	实训室		装配	左：8 右：8		
	17	L1	1	实训室		装配	左：8 右：8		
旧底图总号	18	L1	1	实训室		装配	左：8 右：8		
	19	CF1	1	实训室		装配	左：8 右：8		
	20	CF2	1	实训室		装配	左：8 右：8		

简图：

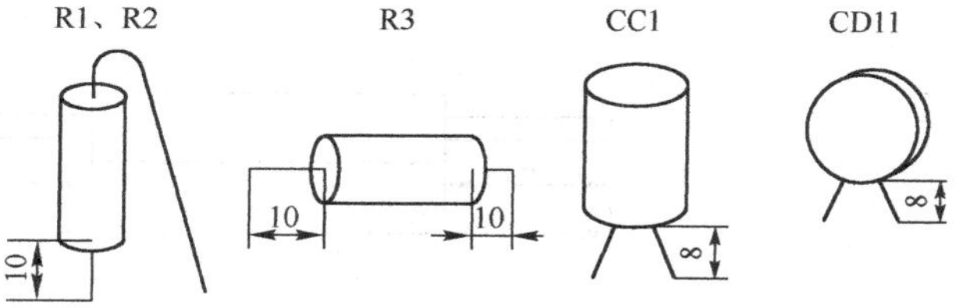

R1、R2　　R3　　CC1　　CD11

10　　10　　10　　8　　8

底图总号	更改标记	数量	文件号	签字	日期	签字		日期	
						制表			
						审核			
日期	签字								
								第 1 册	第 4 页

表 3.22 导线及线扎加工卡片

	导线及线扎加工卡片					产品名称				产品图号		
	序号	线号	名称、牌号、规格	颜色	数量	导线长度（mm） 名称	规格精度	连接点Ⅰ	连接点Ⅱ	设备及工装	工时定额	备注
	1	W1	塑料线 AVR1×12	红	1	L：12，A：4，B：4			A	B		
使用性	2	W2	塑料线 AVR1×12	蓝	1	L：24，A：4，B：4			C	D		
	3	W3	塑料线 AVR1×12	黄	1	L：24，A：4，B：4			E	F		
	4	W4	塑料线 AVR1×12	白	1	L：24，A：4，B：4			G	H		
	5	W5	塑料线 AVR1×12	白	1	L：24，A：4，B：4			I	J		
	6	W6	塑料线 AVR1×12	白	1	L：65，A：4，B：4			K	L		
	7	W7	塑料线 AVR1×12	红	1	L：90，A：4，B：4			B	M		
	8	W8	塑料线 AVR1×12	白	1	L：70，A：4，B：4			N	扬声器（−）		
旧底图总号	9	W9	塑料线 AVR1×12	黑	1	L：70，A：4，B：4			O	扬声器（+）		
	10	W10	塑料线 AVR1×12	白	1	L：70，A：4，B：4			P	天线		

简图：

A B L

底图总号	更改标记	数量	文件号	签字	日期	签字		日期	
						制表			
						审核			
日期	签字					标准化			
						批准		第1册	第5页

表 3.23　装配工艺过程卡片

	装配工艺过程卡片						装配件名称		装配件图号
							R－218T 调频调幅收音机		
	序号	装入件及辅助材料		车间	工序号	工种	工序（工步）内容及要求	设备及工装	工时定额
		图号、名称	数量						
	1	IC1	1	实训室	1	装配	焊印制板上	电烙铁	
	2	R3	1	实训室	2	装配	插、焊电阻		
	3	L1	1	实训室	3	装配	按编号安装		
	4	L2	1	实训室	3	装配	按编号安装		
使用性	5	L4	1	实训室	3	装配	按编号安装		
	6	L5	1	实训室	3	装配	按编号安装		
	7	R1	1	实训室	4	装配	按编号安装		
	8	R2	1	实训室	4	装配	按编号安装		
	9	C7	1	实训室	4	装配	按编号安装		
	10	C10	1	实训室	4	装配	按编号安装		
	11	C2、C3、C4	3	实训室	4	装配	按编号安装		
	12	C8	2	实训室	4	装配	按编号安装		
	13	C17	2	实训室	4	装配	按编号安装		
	14	C11	2	实训室	4	装配	按编号安装		
	15	C6、C21、C22	3	实训室	4	装配	按编号安装		
	16	C16、C18	2	实训室	4	装配	按编号安装		
	17	C9、C15	2	实训室	4	装配	按编号安装		
旧底图总号	18	C5、C19	2	实训室	4	装配	按编号安装		
	19	C20、C23	2	实训室	4	装配	按编号安装		
	20	CF1	1	实训室	5	装配	按编号安装		
	21	CF2	1	实训室	5	装配	按编号安装		
	22	T1	1	实训室	5	装配	本振线圈、中周、耳机插口和音量开关电位器要插平后焊接		
	23	T2	1	实训室	5	装配			
	24	T3	1	实训室	5	装配			
	25	BE	1	实训室	6	装配			
	26	RP	1	实训室	6	装配			

底图总号	更改标记	数量	文件号	签字	日期	签字		日期	
						制表			
						审核			
日期	签字								
								第 1 册	第 6 页

任务与实施

1. 任务

编制组装 MF－47 型万用电表工艺文件。

2. 任务实施器材

（1）金属探测器套件。
（2）焊锡、松香、无水酒精。
（3）电烙铁、螺丝刀、尖嘴钳、斜口钳、剪刀、镊子、烙铁架。
（4）万用表等测试仪器。
（5）计算机、打印机等。

3. 任务实施过程

（1）每人 MF－47 型万用电表原理图一份（如图 3.9 所示）及套件材料清单一份（如表 3.24 所示），分析原理图和工艺。
（2）项目讨论和资料查询。
（3）编写成套工艺文件。

4. 评分标准

项目内容		分值	评分标准	
查询讨论		15 分	原理图分析：	工艺步骤分析：
编写工艺		80 分	1. 文件格式、内容不正确　扣 5 分 2. 遗漏成套文件项目　每漏一项扣 10 分 3. 装订不规范　扣 10 分	
学习态度、协作精神和职业道德		5 分		
安全文明生产		违反安全文明操作规程，扣 5 ～ 10 分		
定额时间		4 小时，训练不允许超时，每超时 5 分钟扣 2 分		
备注	分值和评分标准可根据实际情况进行设置与修改			成绩：

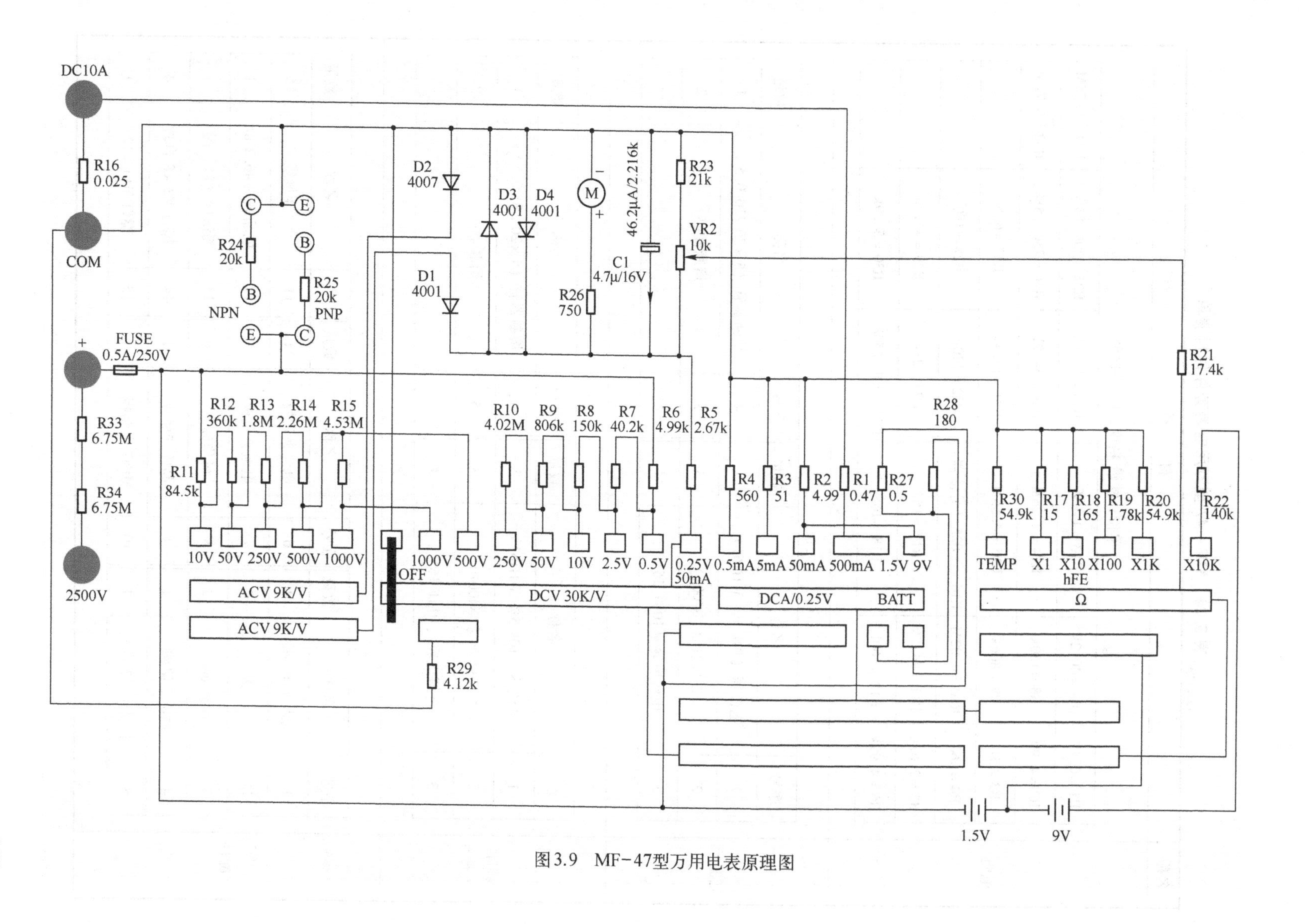

图3.9　MF-47型万用电表原理图

表 3.24　MF－47 型万用电表套件材料清单

名称	材　　料

电阻

单位：欧姆 精度：1% 只/台

R1＝0.47	R7＝40.2k	R13＝1.8M	R19＝1.78k	R25＝20k（5%）	R31＝6.75M
R2＝4.99	R8＝150k	R14＝2.26M	R20＝54.9k	R26＝750（5%）	R32＝6.75M
R3＝51	R9＝806k	R15＝4.53M	R21＝17.4k	R27＝6.5	
R4＝560	R10＝4.02M	R16＝0.025（分流器）	R22＝140k	R28＝180	
R5＝2.67k	R11＝84.5k	R17＝15	R23＝21k	R29＝4.12k	
R6＝4.99k	R12＝360k	R18＝165	R24＝20k（5%）	R30＝54.9k	

元器件

序号	名称	数量	序号	名称	数量
1	电位器（10k 5% WH161）	1	4	熔断器管（5×20 250/0.5A）	1
2	二极管（1N4001）	3	5	熔断器座	2
3	电解电容（10μF 16V）	1	6		

塑料件

序号	名称	数量	序号	名称	数量
1	电位器（10k 5% WH161）	1	4	熔断器管（5×20 250/0.5A）	1
2	二极管（1N4001）	3	5	熔断器座	2
3	电解电容（10μF 16V）	1			

零配件

序号	名称	数量	序号	名称	数量	序号	名称	数量
1	输入插座 ϕ4	4	6	电池夹正极	1	11	连接线	5
2	压簧	2	7	电池夹负极	1	12	成品表头 46.2 uA	1
3	钢珠 ϕ4	2	8	科华标志	6	13	测试棒（红、黑）	1
4	挡位板铭牌	1	9	晶体管插片	1	14	螺钉 M3×8 自攻	4
5	电刷片（3 点）	1	10	MF47 电路板	1	15	螺钉 M14×12	1

作业

1. 电子产品装配过程中常用的图纸有哪些？
2. 电原理图有何作用？如何进行识读？
3. 什么是印制电路板组装图？如何进行识读？
4. 设计文件编制的基本要求有哪些？
5. 什么是工艺文件？有何作用？工艺文件和设计文件有何不同？
6. 简述工艺文件的编制原则。
7. 电子工艺文件通常可分为几类？
8. 工艺文件包含哪些内容？
9. 怎样识别工艺文件？
10. 工艺文件的类别和成套性是怎样规定的？

4

项目4

电子产品的安装工艺

项目要求

安装是电子产品生产过程中的基本工艺和必要阶段。电子产品的安装大致可分为安装准备、装联、调试、检验、包装等阶段。本项目只包括安装准备和装联两项内容。

本项目通过安装电子产品来了解电子产品安装前的相关准备工艺，安装过程中的紧固、连接以及整机装配工艺；通过典型元器件的手工安装，体会典型元器件在安装工程中应注意的事项；通过对表面安装工艺的了解，认识表面安装工艺在电子产品生产过程中的重要性。

【知识要求】

- 掌握焊接工艺中的选用和要求。
- 掌握螺装工艺中的选用和要求。
- 掌握铆装工艺中的选用和要求。
- 熟悉常用电子元器件的参数和功能。
- 熟悉常用电子元器件的命名与标注。
- 熟悉 SMT 元器件的特点、种类和规格。

【能力要求】

- 能识别电子产品安装图。
- 能检验和筛选电子元器件。
- 能熟练应用常见元器件。
- 能利用常用的焊接工具对产品进行机械的手工焊接、螺装、铆接、粘接等。
- 能按工艺要求加工导线。
- 能按工艺要求对元器件成型。
- 能对印制电路板进行装配及手工焊接。
- 整机装配。

相关知识

4.1 安装概述

4.1.1 安装工艺的整体要求

一个电子整机产品的安装是一个复杂的过程，它是将品种及数量繁多的电子元器件、机械安装件、导线、材料等，采用不同的连接方式和安装方法，分阶段、有步骤地结合在一起的一个工艺过程。

安装工艺因产品而异，没有统一的流程，可以根据具体产品来安排一定的工艺流程。为了安全高效地生产出优质产品，应满足下面几点要求。

（1）保证安全使用。电子产品安装时，安全是首要大事，不良的装配不仅直接影响产品的性能，而且会造成安全隐患。

（2）确保安装质量。即成品的检验合格率高，技术指标一致性好。

（3）保证足够的机械强度。在电子产品中，特别是大型电子产品中，对于质量较大或比较重要的电子元器件、零部件，考虑到运输、搬动或设备本身带有活动的部分（如洗衣机、电风扇等），安装时要保证足够的机械强度。

（4）尽可能地提高安装效率，在一定的人力、物力条件下，合理安排工序和采用最佳操作方法。

（5）确保每个元器件在安装后能以其原有的性能在整机中正常工作。也就是不能因为不合格的安装过程而导致元器件的性能降低或改变参数指标。

（6）制定详尽的操作规范。对那些直接影响整机性能的安装工艺，尽可能采用专用工具进行操作。

（7）工序安排要便于操作，便于保持工件之间的有序排列和传递。在安装的过程中，要把大型元器件、辅助部件组合安装在机架或底板上，安装时遵循的原则是：先轻后重，先小后大，先铆后装，先装后焊，先里后外，先下后上，先平后高，上道工序不得影响下道工序，下道工序不得改动上道工序。

4.1.2 安装工艺中的紧固和连接

电子产品的元器件之间，元器件与机板、机架及外壳之间的紧固连接方式主要有焊接、压接、插装、螺装、铆接、粘接、卡口扣装等。

1. 焊接

在产品安装中，使用较多的焊接方法主要有熔焊、电阻焊和钎焊 3 类。

（1）熔焊。熔焊又称熔化焊，是一种最常见的焊接方法。它是利用高温热源将需要连接处的金属局部加热到熔化状态，使它们的原子充分扩散，冷却凝固后连接成一个整体的方法。

熔焊可以分为电弧焊、电渣焊、气焊、电子束焊、激光焊等。最常见的电弧焊又可以进一步分为手工电弧焊（焊条电弧焊）、气体保护焊、埋弧焊、等离子焊等。如图 4.1 所示为手工电弧焊。

（2）电阻焊。电阻焊是将焊件压紧于两电极之间，并通以电流，利用电流流经焊件接触面及其邻近区域所产生的电阻热将其加热到熔化或塑性状态，使之形成金属结合的一种工艺方法。如图 4.2 所示为电阻焊接示意图。

电阻焊的种类很多，常用的有点焊、缝焊和对焊 3 种。

点焊是将焊件装配成搭接接头，并压紧在两电极之间，利用电阻热熔化母材金属，形成焊点的电阻焊方法。点焊主要用于薄板焊接。

缝焊是将焊件装配成搭接或对接接头，并置于两滚轮电极之间，滚轮加压焊件并转动，连续或断续送电，形成一条连续焊缝的电阻焊方法。缝焊主要用于焊接焊缝较为规则，要求密封的结构，板厚一般在 3mm 以下。

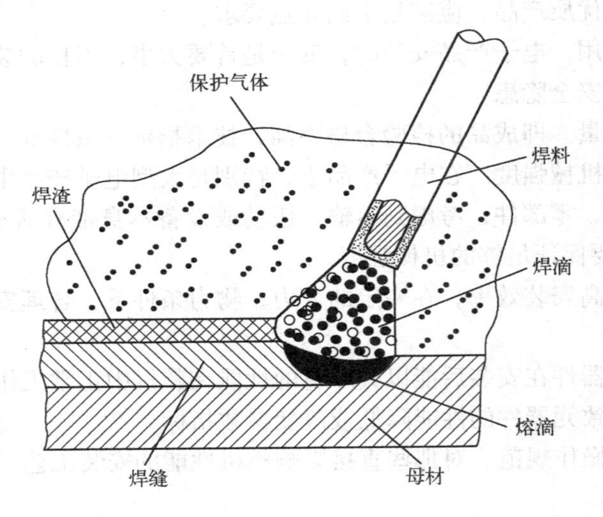

图 4.1　手工电弧焊

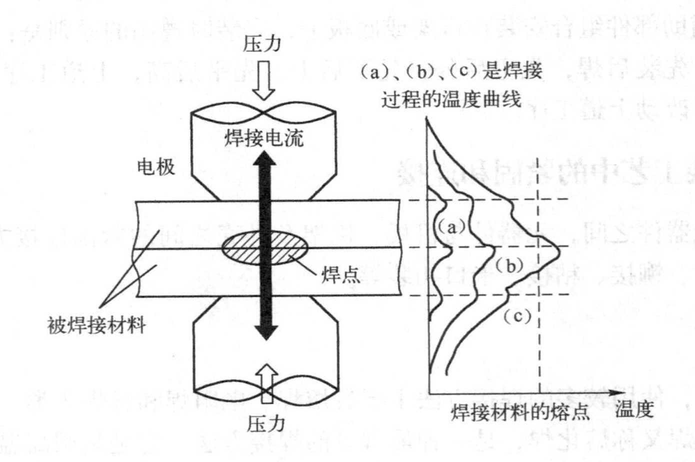

图 4.2　电阻焊接示意图

对焊是使焊件沿整个接触面焊合的电阻焊方法。

电阻焊方法的主要特点是接头可靠，机械化和自动化水平高，焊接过程的生产效率高，生产成本低，具体表现为：

① 热量集中，加热时间短，焊接变形小；

② 冶金过程单一，不需要填充材料，不需要保护气体；

③ 工艺操作简单，焊接技能要求不高，易于实现机械化和自动化；

④ 适用于同种及异种金属焊接；

⑤ 生产效率高，生产成本低，劳动环境好。

（3）钎焊。根据焊接温度的不同，钎焊可以分为两大类。通常以450℃为界，焊接加热温度低于450℃称为软钎焊，高于450℃称为硬钎焊。

电子产品安装工艺中所谓的“焊接”就是软钎焊的一种，主要用锡、铅等低熔点合金做焊料，因此俗称“锡焊”。

锡焊焊接的条件是：焊件表面应是清洁的，油垢、锈斑都会影响焊接；能被锡焊料润湿的金属才具有可焊性，对黄铜等表面易于生成氧化膜的材料，可以借助于助焊剂，先对焊件表面进行镀锡浸润后，再进行焊接；要有适当的加热温度，使焊锡料具有一定的流动性，才可以达到焊牢的目的，但温度也不可过高，过高时容易形成氧化膜而影响焊接质量。

2. 压接

压接是用专门的压接工具（如压接钳），在常温的情况下对导线、零件接线端子施加足够的压力，使本身具有塑性或弹性的导体（导线和压接端子）变形，从而实现可靠的电气连接。压接的特点是简单易行，无须加热，金属在受压变形时内壁产生压力而紧密接触，破坏表面氧化膜，产生一定的金属互相扩散，从而形成良好的连接；不需要第三种材料的介入。如图4.3所示为压接网线水晶头。

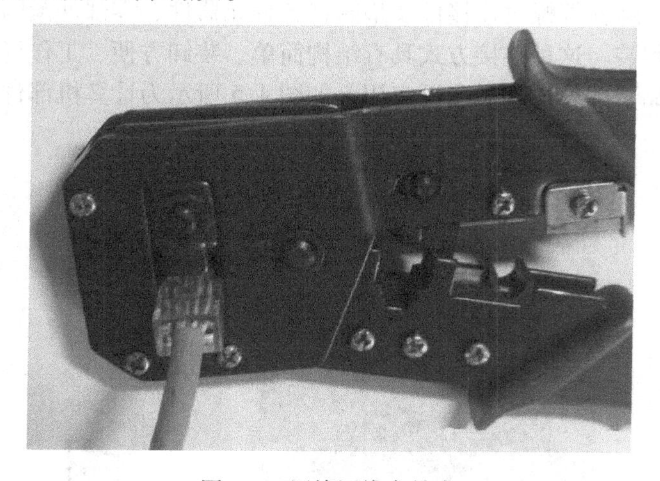

图4.3　压接网线水晶头

3. 插接

插接是利用弹性较好的导电材料制成插头、插座，通过它们之间的弹性接触来完成紧固。插接主要用于局部电路之间的连接及某些需要经常拆卸的零件的安装。通常很多插接件的插接都是压接和插接的结合连接。如图 4.4 所示为元器件实验板的插接。

插接安装时应注意以下几个问题。

（1）必须对号入座。设计时尽量避免在同一块印制板上安排两个或两个以上完全相同的插座，且不允许互换使用插座，否则安装时容易出错。万一有这种情形，组装或修理时就要特别留意。

（2）注意对准插座再插入插件。插件插入时用力要均衡，要插到位，插入时尽可能在插座的反面用手抵住电路板后再加力，以免电路板由于过度弯折而受损。

（3）注意锁紧装置。很多插件都带有辅助的锁紧装置，安装时应及时将其扣紧、锁死。

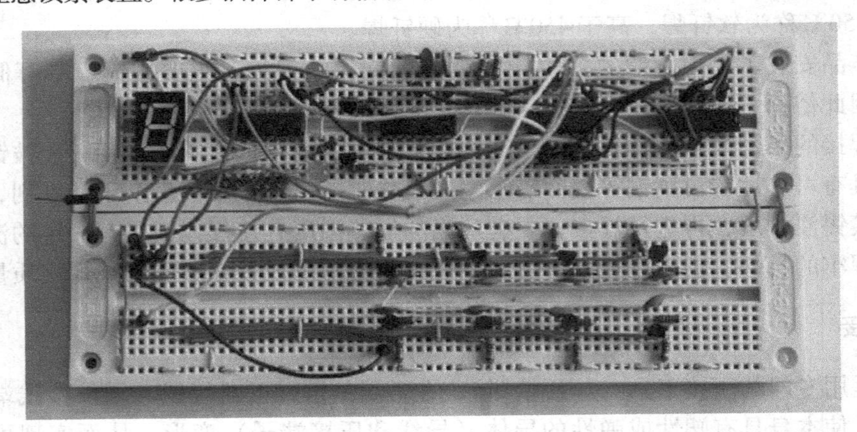

图 4.4　元器件实验板的插接

4. 螺装

用螺钉、螺母、螺栓等螺纹连接件及垫圈将各种元器件、零部件紧固安装在整机各个位置上的过程，称为螺装。这种连接方式具有结构简单、装卸方便、工作可靠、易于调整等特点，在电子整机产品装配中得到了广泛应用。如图 4.5 所示为计算机部件的连接。

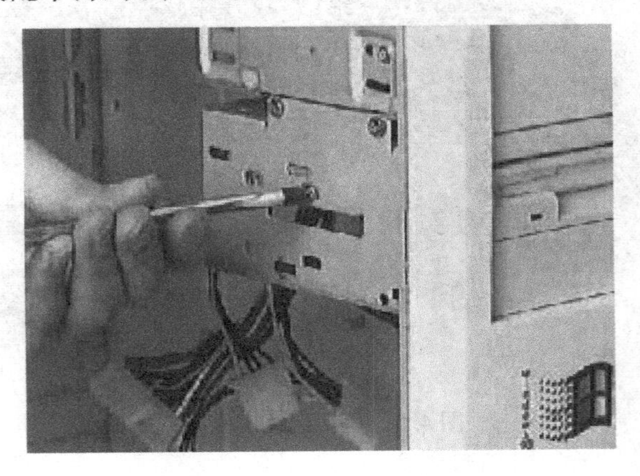

图 4.5　计算机部件的连接

电子产品中使用螺钉、螺母、螺栓时要注意以下问题。

（1）分清螺纹。要分清是金属螺纹还是木制螺纹，是英制螺纹还是公制螺纹，是精密螺纹还是普通螺纹，不同的螺纹其安装方法会有所不同。

（2）选定型号。要选定具体采用哪一种型号的螺钉，是自攻螺钉还是非自攻螺钉，是沉头螺钉还是非沉头螺钉，各种型号之间是不能随便代用的。

（3）确定材质。确定用的是铜螺钉还是钢螺钉。如果用于电气连接的场合，往往采用铜螺钉，导电率高且不易生锈。当两个电接头的导电面可以直接相贴，电流可以不经螺杆时，则采用钢螺钉会有更好的结合强度。

（4）选好规格。紧固无螺纹的通孔零件时，以孔径比螺杆大10%以内为宜；螺钉长度以旋入4扣丝以上或露出螺母1扣丝、2扣丝为宜。过短不可靠，过长则影响美观，降低工作效率。

（5）加有垫圈。安装孔偏大或荷载较重时要加垫平垫圈；被压材质较脆时要加纸垫圈；电路有被短路的危险时要加绝缘垫圈；需耐受震动的地方必须加弹簧垫圈，弹簧垫圈要紧贴螺母或螺钉头安装；对金属部件应采用钢性垫圈。

（6）选好工具。起子或扳手的工作端口必须棱角分明，尺寸和形状都要与螺钉或螺母十分吻合；手柄要大小适度。

（7）松紧方法。拧紧长方形的螺钉组时，须从中央开始逐渐向两边对称扩展。拧紧方形工件和圆形工件时，应交叉进行。无论装配哪一种螺钉组，都应先按顺序装上螺钉，然后分步骤拧紧，以免发生结构变形和接触不良的现象。用力拧紧螺钉、螺母、螺栓时，切勿用力过猛，以防止滑丝。拧紧或拧松螺钉、螺母或螺栓时，应尽量用扳手或套筒使螺母旋转，不要用尖嘴钳松紧螺母。

5. 铆接

铆接是指用各种铆钉将零件或部件连接在一起的操作过程，有冷铆和热铆两种方法。在电子产品装配中，常用铜或铝制作的各种铆钉，采用冷铆进行铆接。铆接的特点是安装坚固、可靠、不怕震动。铆钉有半圆头铆钉、平锥头铆钉、沉头铆钉等几种。如图4.6所示为气动拉帽枪。它适用于各类金属板材、管材等制造工业的紧固领域，可以取代传统的焊接螺母，不需要攻牙、焊接，不需要攻内螺纹；弥补金属薄板、薄管焊接易熔、焊接螺母旋牙不顺等不足之处，使用气动工具枪铆接，一次到位，方便快捷，美观高效。

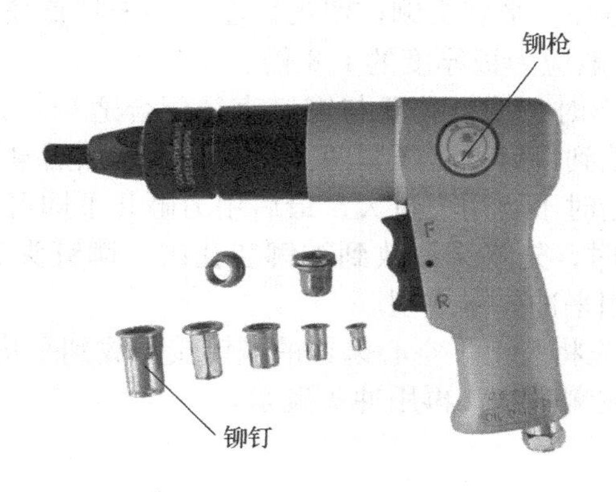

图4.6　气动拉帽枪

（1）铆接的要求。

① 当铆接半圆头的铆钉时，铆钉头应完全平贴于被铆零件上，并应与铆窝形状一致，不允许有凹陷、缺口和明显的裂开。

② 铆接后不应出现铆钉杆歪斜和被焊件松动的现象。

③ 用多个铆钉连接时，应按对称交叉顺序进行。

④ 沉头铆钉铆接后应与被铆面保持平整，允许略有凹下，但不得超过0.2mm。

⑤ 空头铆钉铆紧后扩边应均匀、无裂纹，管径不应歪扭。

（2）铆接工具。

① 手锤：通常用圆头手锤，其大小应按铆钉直径的大小来选定。

② 压紧冲头：压紧冲头的外形如图4.7所示。当铆钉插入铆钉孔后，用它压紧被铆接件。

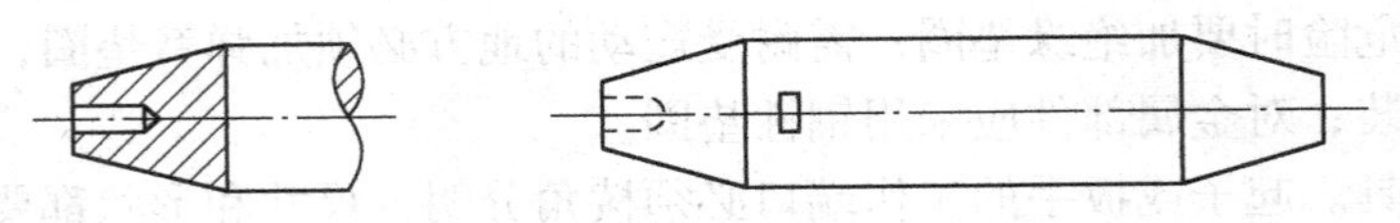

图4.7　压紧冲头的外形

③ 半圆形冲头：半圆形冲头的外形如图4.8所示，用于铆接铆钉的圆头。其工作部分是凹形半圆球面。按照标准的装配圆头铆钉尺寸制成并经过火、抛光处理。

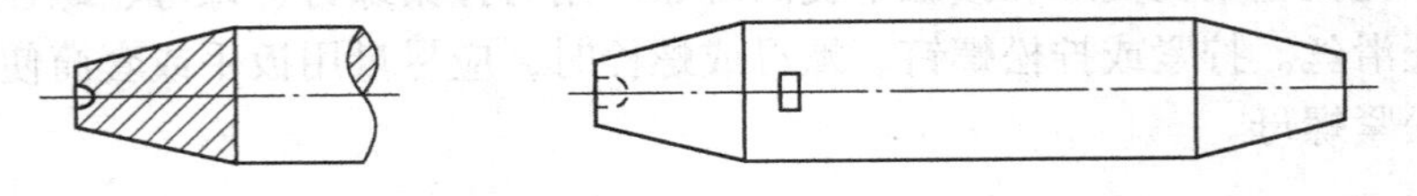

图4.8　半圆形冲头的外形

④ 垫模：其形状与铆钉的形状一致。在铆接时把铆钉头放在垫模上，可使其受力均匀，防止铆钉头变形。

⑤ 平头冲：铆接沉头铆钉用。

⑥ 尖头冲：空心铆钉扩孔用。

⑦ 凸心冲头：空心铆钉扩边成型及扎紧用。

（3）铆接方法。各种铆钉镦铆成型的好坏与铆钉留头长度及铆接方法有关。铆钉长度应等于铆台厚度与留头长度之和。半圆头铆钉留头长度应等于其直径的4/3 ～7/4。铆钉直径应大于铆板厚度的1/4，一般应为板厚度的1.8倍。

① 铆钉头镦铆成半圆形时，铆钉孔要与铆钉直径配合适当。先将铆钉放到孔内，铆钉头放到垫模上，压紧冲头放到铆钉上，压紧两个被铆装件。然后拿下压紧冲头，改用半圆头冲头镦露出的铆钉端。开始时不要用力过大，最后用力砸几下即可紧固。

② 铆钉头镦铆成沉头时，先将铆钉放到被铆装孔内，铆钉头放到垫模上，用压紧冲头压紧两个被铆装件。然后用平冲头镦成型。

③ 铆接空心铆钉时，先将装上了空心铆钉的被铆接件放到平垫模上，用压紧冲头压紧。然后用尖头冲头将铆钉扩成喇叭状，再用冲头砸紧。

6. 粘接

粘接也称胶接，是将合适的胶黏剂涂敷在被黏物表面，因胶黏剂的固化而使物体结合的方法。粘接在连接异形材料时被经常使用，如陶瓷、玻璃、塑料等材料，均不宜采用焊接、螺装和铆接。在一些不能承受机械力、热影响的地方（如应变片），粘接更有独到之处。

形成良好的粘接有 3 个要素：适宜的胶黏剂、正确的粘接表面处理和正确的固化方法。

粘接与其他安装、连接方式相比，具有以下特点。

（1）应用范围广，任何金属、非金属几乎都可以用黏合剂来连接。

（2）粘接变形小，避免了铆接时受冲击力和焊接时受高温的作用使工件发生变形，常用于金属板、轻型元器件和复杂零件的连接。

（3）具有良好的密封、绝缘、耐腐蚀特性。

（4）用黏合剂对设备、零件和部件进行复修，工艺简单，成本低。

（5）粘接质量的检测比较困难，不适宜于高温场合，粘接接头抗剥离和抗冲击能力差，且对零件表面洁净程度和工艺过程的控制比较严格。

7. 卡口扣装

为了简化安装程序，提高生产效率，降低成本，以及为了美观，现代电子产品中越来越多地使用卡口锁扣的方法代替螺钉、螺栓来装配各种零部件，充分利用了塑性和模具加工的便利。卡装有快捷、成本低、耐振动等优点。如图 4.9 所示为多芯卡口连接器。

图 4.9　多芯卡口连接器

4.2　安装准备工艺

在安装前，将各种零件、部件、导线等进行预加工处理的工作，称为安装准备。做好安装准备能保证各道安装工序的质量，提高工作效率。

安装准备项目的多少由产品的复杂程度和生产效率高低的要求决定。常用的安装准备包括导线加工、元器件的检验、老化和筛选及引脚的预处理、上锡等。

4.2.1　元器件的检验、老化和筛选

通常，任何安装工程在实施之前都必须对其所用器材进行测试和检验。这一点对于电子产品的安装显得尤为重要，因为电子产品线路复杂，单机所拥有的元器件数目往往都很大，整机的正常工作有赖于每一个元器件的可靠工作，在电路中即使只用了一个不合格的元器

件，所带来的麻烦和损失将是无法估计的。因此安装时常要对所有的元器件再进行一次检验，要求较严格的元器件还要进行老化和筛选。

1. 元器件的检验

所谓检验，就是按有关的技术文件对元器件的各项性能指标进行检查，包括检查外观尺寸和测试电气性能两个方面。

凡是成熟的电子产品一定会有三大技术文件：技术文件、工艺文件和质量管理文件。其对元器件的技术要求及测试方法一般都规定得很详细，并具有非常强的可操作性，对元器件的检验大多可以照本宣科地进行。至于标准件（如螺钉、螺母）的检验，则可以参照相关的国家标准进行。

大批量生产的元器件，其检验可以采样进行，但样本的抽取方法、样本质量及受检对象合格与否的判定等，都必须根据质量管理文件，按照国家标准（GB 2828—87、GB 2829—87）严格执行；小批量生产或者试制的元器件，一定要全检。尚无标准文件的则更要做好检验时的数据记录，为以后文件的编写做好准备。

2. 老化和筛选

对于某些性能不稳定的元器件，或者可靠度要求特别高的元器件，还必须经过老化和筛选处理。

老化和筛选是配合着进行的，其目的就是要剔除那些含有某种缺陷，用通常的检验看不出问题，但在恶劣条件下，时间稍长就会出问题的元器件。

所谓老化和筛选，无非就是模拟该元器件将要遇到的最恶劣工作环境中的各种条件，成批地让其经受一段时间，有时还加上工作电流、电压等，促使其进一步定性后再来测量，剔除其参数变坏者，筛选出性能合格又稳定的元器件。

老化的常规项目有高温存储、高低温循环温度冲击、功率老化、冲击、震动、跌落、高低温测试和高温冲击等。

老化和筛选选用哪些项目应该根据每一种元器件的性质来设计，而每一种项目采用的具体条件和参数则牵涉到产品的整机质量和成本。过严，将造成不必要的浪费，增加成本；过松，则会降低产品的可靠度，产品质量达不到要求。

4.2.2 元器件的预处理

安装过程中使用的元器件对于生产厂家来说是最终的成品。由于作为商品要考虑其通用性，或者由于包装、存储的需要，外购件不会完全符合安装的要求，为此，有些外购件必须在安装之前进行预处理。

1. 印制电路板的预处理

批量电路板的预处理：电路板生产企业按照设计图纸成批生产出来的电路板通常不需要处理即可投入使用。这时，最重要的是做好来料的采样检验工作，即应检查基板的材料和厚度，铜箔电路腐蚀的质量，焊盘孔是否打偏，通孔的金属化质量等。应该按照订货合同认定的质量标准进行。若是首批样品，还需通过试装几部成品整机来检验。

少量电路板的预处理：手工腐蚀出来的少量试制用电路板，则要进行打孔、砂光、涂松香酒精溶液等工作。

2. 元器件引脚上锡

某些元器件的引脚因材料性质或长时间存放而氧化，导致可焊性变差。这时必须去除氧化层，上锡后再装，否则极易造成虚焊。去除氧化层的方法有多种，但对于少量的元器件，手工刮削的办法较为易行可靠。

大规模批量生产的元器件，在焊接中基本不用上锡，焊接质量完全由元器件引脚当时的可焊性来保证。因此，要选择好元器件的进货渠道，缩短元器件的仓储时间，做好投产前的可靠性检验工作。

4.2.3 导线的加工

这里以多芯绝缘导线为例简述导线的加工流程，具体为：开线剪切、绝缘层剥头、多股芯线捻头、镀锡、标记打印、分类捆扎。绝缘导线在加工过程中，其绝缘层不能损坏或烫伤，否则会降低绝缘性能。

1. 开线剪切

应先剪切长导线，后剪切短导线，避免线材浪费。剪切时，应将绝缘导线或细裸铜线拉直后再剪，剪切导线应按工艺文件的导线加工表进行，一般剪切长度常用5的倍数的规范化长度进行，并且应符合公差要求。如无特殊公差要求，按表4.1选择公差。

表4.1 导线总长与公差要求的关系

长度（mm）	50	50～100	100～200	200～500	500～1000	1000以上
公差（mm）	+3	+5	+5～+10	+10～+15	+15～+20	+30

2. 绝缘层剥头

将绝缘导线的两端各除掉一段绝缘层而露出芯线的操作称为剥头。剥头时不能损坏芯线。剥头的长度应符合工艺文件导线加工表的要求，若工艺文件的导线加工表中无明确要求，可按表4.2和表4.3来选择剥头长度 L，如图4.10所示。

图4.10 绝缘导线的剥头长度

表4.2 导线粗细与剥头长度的关系

芯线截面积（mm^2）	<1	1.1～2.5
剥头长度 L（mm）	8～10	10～14

表4.3 锡焊连接的剥头长度

连接方式	剥头长度 L（mm）	
	基本尺寸	调整范围
搭焊连接	3	+2～0
勾焊连接	6	+4～0
绕焊连接	15	±5

3. 多股芯线捻头

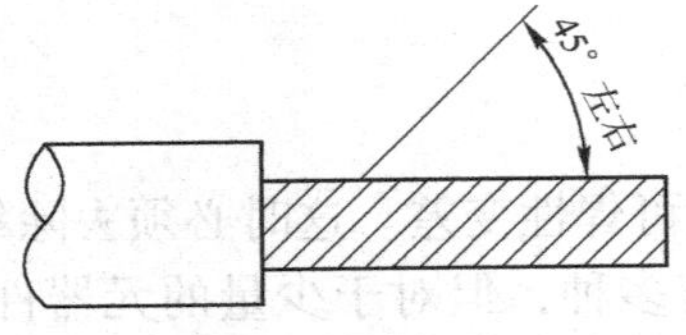

图 4.11　多股芯线的捻头角度

多股芯线在剥头之后有松散现象，需要捻紧以便上锡。捻头时要捻紧，不可散股也不可捻断，捻过之后的芯线，其螺旋角一般应为45°左右，如图4.11所示。大批量生产时可使用捻头机。

4. 镀锡

绝缘导线经剥头和捻头之后，应在较短的时间内镀锡，时间太长则容易产生氧化层，导致镀锡不良。芯线镀锡时不应触到绝缘层端头。镀锡的作用是提高导线的可焊性。

导线镀锡时，对焊料、助焊剂、清洗和散热剂都有一定要求。导线镀锡一般为多根导线一起镀，特别是采用浸焊法镀锡时，先将导线高低整理齐，放入焊剂中浸2～3s，这样反复进行3～4次，最后放入冷却液（如酒精）中冷却。这种镀锡方法常用于大批量生产。

实验中常用电烙铁手工镀锡，在已捻好头的导线端头上顺着捻头方向来回移动，完成导线端头的镀锡过程。这种方法一般用于小批量生产。

镀锡完成后的导线质量要求如下：

① 芯线应表面光滑可焊，不应有毛刺；

② 多根导线不应出现并焊、镀锡不匀、弯曲等现象；

③ 不应烫伤导线的绝缘层。

5. 标记打印

导线标记打印是为了在安装、焊接、调试、检验、维修时分辨方便而采用的措施。标记一般应打印在导线的两端，可用文字、符号、数字、颜色加以区分。具体办法可参照有关国家标准和部颁标准。

6. 分类捆扎

完成以上各道工序后，应进行整理捆扎。捆扎要整齐，导线不能弯曲，每捆按产品配套数量的根数捆扎。

4.3　元器件的安装

元器件的安装顺序应以上一道工序不影响下一道工序的正常进行为原则。本节以手工安装为例讲述各种典型元器件的安装。

4.3.1　典型元器件的安装

1. 集成芯片的安装

（1）拿取时必须确保人体不带静电；焊接时必须确保电烙铁不漏电。应谨防集成电路被静电击穿和电烙铁漏电击穿。

（2）印制电路板上安装集成电路时，要注意方向不要装反。否则，通电时集成电路很可能被烧毁。一般规律是：集成电路引脚朝上，以缺口或打有一个点“.”标记或竖线条为准，再按逆时针方向排列。如果是单列直插式集成电路，则以正面（印有型号商标的一面）朝自己，引脚朝下，引脚编号顺序一般从左到右排列。除了以上常规的引脚方向排列外，也有一些引脚方向排列较为特殊，应引起注意，这些大多属于单列直插式封装结构，它的引脚方向排列刚好与上面所说的相反。

（3）安装前要确保各引脚平直、清洁、排列整齐、间距正常。

（4）穿孔插装时，要让所有的引脚都套进去后再往下插，插到位。

（5）插好集成电路后要及时将对角或两端的两个引脚弯脚，以免焊接之前有变动。

（6）带散热器的集成电路应先安装散热器，待散热器和底板固定好以后再来焊接集成电路的引脚。散热片与集成电路之间不要夹进灰尘、碎屑等东西，中间最好使用硅脂，用以降低热阻。

（7）某些功率较大，发热比较厉害的集成电路，焊接前应将其引脚做出一定的成型弧形，以作为热胀冷缩的缓冲，避免因焊点老化而引起虚焊故障。如图 4.12 所示为双列直插集成芯片的安装。

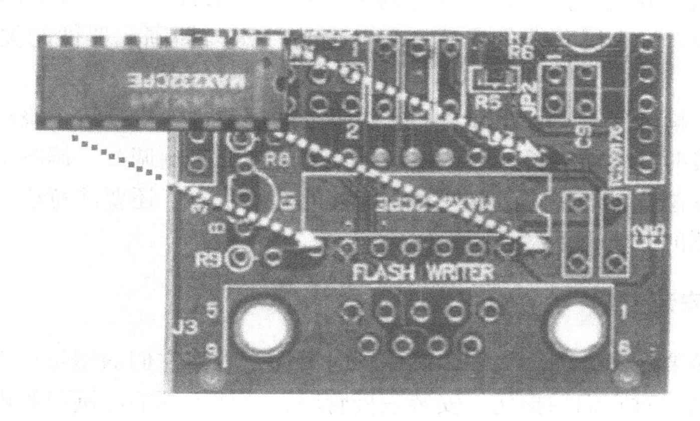

图 4.12　双列直插集成芯片的安装

2. 集成电路插座的安装

在安装集成电路的插座时，同样要注意方向问题，要注意让有缺口标记的一端作为芯片 1 脚所在的一端装入。特别要注意每个引脚的焊接质量，因为集成电路插座引脚的可焊性差，容易出现虚焊，焊接时可适当采用活性较强的焊剂，焊后应加强清洗。

3. 电阻的安装

安装电阻时要注意区分同一电路中阻值相同而功率不同、类型不同的电阻，不要互相插错，如图 4.13 所示。安装大功率的电阻时要注意与底板隔开一定的距离，最好使用专用的金属支架支撑，与其他元器件也要保持一定的距离，以利于散热。小功率电阻多采用卧式安装，并且要贴近底板，以减少引线带来的引线电感，一般电阻也可以采用竖式安装。安装热敏电阻时要让电阻紧靠发热体，并用导热硅脂填充两者之间的空隙。由于电阻没有方向，在电路板上安装时直接弯曲好引脚进行安装即可。

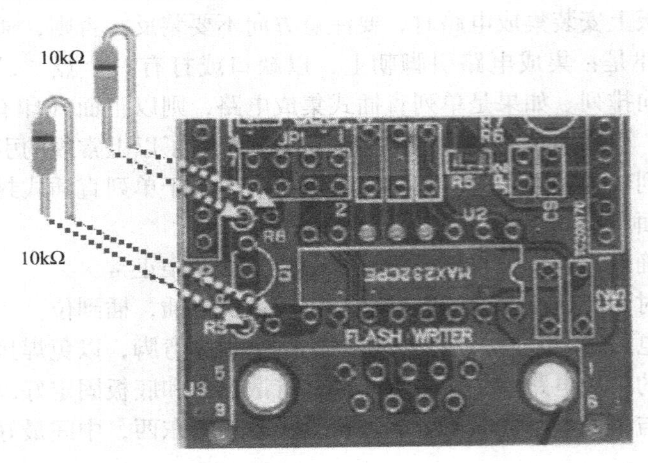

图 4.13　电阻的安装

4．电感的安装

固定电感同固定电阻一样，其引脚与内部导线的接头部位比较脆弱，安装时要注意保护，不能强拉硬拽。没有屏蔽罩的电感在安装时应注意与周围元器件的关系，要避免漏感交联。

多绕组电感、耦合变压器，在分清初、次级之后还要进一步分清各绕组间的同名端。可变电感安装的焊接时间不能太长，以免塑料骨架受热变形影响调节。调频空心线圈安装时要注意插到位，摆好位置，焊接完后要保持调整前的密绕状态，还要注意绕组的绕向，若绕向不对，插装后电感的磁场也不尽相同。

5．晶体管的安装

晶体管的安装要注意方向。在安装晶体管时要注意分清它们的型号、引出脚的次序，要防止焊接过程中造成对它们的损伤。安装三极管时，管体上部的半圆形和电路板上有丝印的半圆形要方向一致地插入焊接，如图 4.14 所示。如果方向不对，不仅不能正常工作，而且还有可能破坏晶体管。安装塑料封装大功率三极管时，要考虑集电极与散热器之间的绝缘问题。

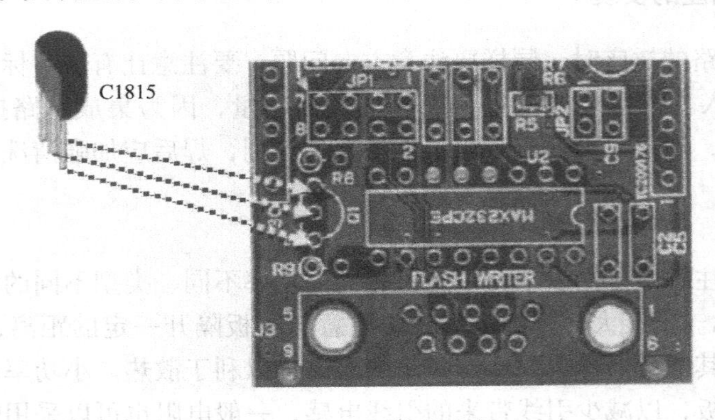

图 4.14　三极管的安装

二极管的引脚也有正负之分，不能插反。安装绝缘栅型场效应管等器件时，应注意防止被静电击穿和电烙铁漏电击穿，除了实施屏蔽、接地等措施外，焊接时应顺序焊接漏极、源极、栅极，最好采用超低压电烙铁或储能式电烙铁。

6. 电容的安装

铝质电解电容及钽电解电容的正极所接电位一定要高于负极所接电位，否则将会增大损耗。尤其是铝电解电容，极性接反工作时将会急剧发热，引起鼓泡、爆炸。安装可变电容、微调电容时也要注意极性问题。安装有机薄膜介质可变电容时，要先将动片全部旋入后再焊接，要尽量缩短焊接时间。安装穿心电容、片状电容时要注意保持表面清洁。安装瓷片电容时要注意其耐压级别和温度系数。

7. 继电器的安装

将继电器焊接在印制电路板上使用时，印制板的孔距要正确，孔径不能太小。当必须扳动引出端时，应首先将引出端在距底板 3mm 处固定后再扳动和扭转。直径大于或等于 0.8mm的引出端则不允许扳动和扭转。继电器底板与印制板之间应有大于 0.3mm 的间隙，这样可保护引出端根部不受外力损伤，也便于焊后清洗时清洗液的流出和挥发。焊孔式和焊钩式引出端在焊接引线和焊下引线过程中都不能使劲绞导线、拉导线，以免造成引出端松动。对螺孔和螺栓引出端，安装时其扭矩应小于一定的值。如果安装时继电器不慎掉落在地，由于受强冲击，内部可能受损，应隔离检验，确认合格后才能使用。

继电器引出端的焊接应使用中性松香焊剂，不应使用酸性焊剂，焊接后应及时清洗、烘干。焊接用的电烙铁以 30 ～60W 为宜，烙铁顶端温度在 280 ～330℃范围内，焊接时间应不大于 3s。自动焊接时，焊料温度以 260℃为宜，焊接时间不大于 5s。非密封继电器在焊接和清洗过程中，切勿让焊剂、清洗液污染继电器内部结构，而密封继电器和可清洗式塑封继电器都可进行整体浸洗。

对有抗振要求的继电器，合理选择安装方式可避免或减少振动放大，最好使继电器受到的冲击和振动的方向与继电器衔铁的运动方向相垂直，尽量避免选用顶部螺钉安装或顶部支架安装的继电器。

8. 中周的安装

中周实际上是一个小型的高频可变电感或变压器，由外壳塑料支架、磁芯等组成，有的还内附谐振电容。同一块机板上往往要安装几只外观一样而参数不同的中周，因此要注意分清型号。安装时要插到位，由于外壳的可焊性较差，散热又快，其上两个固定脚较难上锡，焊接时间稍长就会使里面的塑料支架变形而卡死磁芯，变得不能调节，可以改用工作温度高的电烙铁焊接。因为中周胶木座中的引脚大多形状简单，装好后不能承受向上拉扯或承受横向撞击的力，否则很有可能拉松引脚而造成内部引线的断线。另外，其胶木座在整体浸焊或自动焊接时会吸收焊剂，因此对助焊剂的电阻率指标有较高的要求。

9. 插接件的安装

插接件的插座在电路板上焊接时，应该将插头插上以后再焊，以免某些热塑性插座的铜芯在焊接时歪斜，排列距离发生变化。如图 4. 15 所示为插接件的安装，把插接件插在电路板的孔上，然后焊牢就可以了。

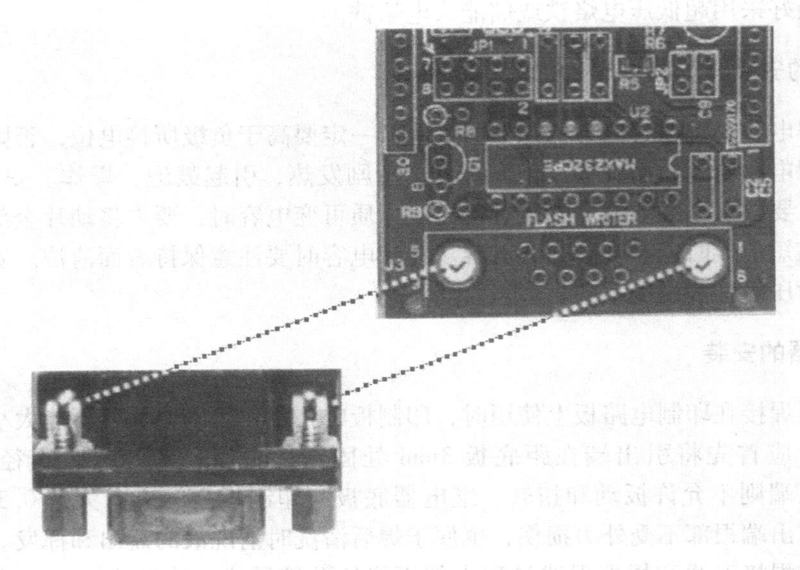

图 4. 15　插接件的安装

10. 散热器的安装

大功率半导体器件一般都安装在散热器上，在安装散热器时应注意以下事项。

(1) 器件与散热器之间的接触面要平整、清洁，装配孔距要准确，防止装紧后安装件变形，从而导致实际接触面积减小、界面热阻增加。

(2) 散热器上的紧固件要拧紧，保证良好的接触，以利于散热。

(3) 为使接触面密合，往往在安装接触面上涂些硅脂，以提高散热效率。

(4) 散热部件应在机器的边沿、风道等容易散热的地方，有利于提高散热效果。

(5) 先固定散热器件，然后再焊接元器件。

11. 特殊元器件的安装

所谓特殊元器件是指那些只在特定的电子产品中才采用的元器件。例如，收音机的接线调谐机构，电视机的显像管控制器的传感件、执行件等。安装这些元器件时一定要充分了解其结构，了解其物理、电气性能及它在整机中的工作方式，弄清影响其工作性能的关键参数是什么，研究清楚安装工艺本身及安装后的工作环境会对其产生的影响，找出一套正确的安装方法。

12. 电源变压器的安装

电源变压器工作时，因本身会有一定的损耗而发热，安装时要注意散热、通风。同时，其铁芯泄漏的交流磁场很容易被周围的元器件拾取，因此安装时要注意远离电路的输入极，尽量加装电磁屏蔽，在有些仪器设备中（如示波器），还要通过试验将其调整到一定的方位和角度来安装。大功率变压器要注意压紧铁芯硅钢片，尽量降低电磁振动所产生的交流声。安装到机架上时，螺钉或螺母上一定要加垫弹簧圈。某些变压器的铁芯上有安装螺杆的孔位，为了避免增加额外的涡流损耗，安装螺杆和压铁时应注意不能在磁回路的横截面上形成闭合回路，必要时应该在某个螺母与压铁或与底板之间加绝缘垫。

开关稳压电源中的电源变压器及电视机的行逆程变压器，均工作在含有直流成分的电路中，其铁芯由分成两半的铁氧磁芯对合而成，中间垫有一定厚度的间隙纸。不要随意拆开磁芯，以免间隙变化，影响变压器的性能。

4.3.2 表面安装技术（SMT）

表面安装技术又称表面贴装技术，它是一种将表面贴装元器件贴、焊到印制电路板表面规定位置上的电路装连技术。具体地说，就是首先在印制板上涂布焊锡膏，再将表面贴装元器件准确地放到涂有焊锡膏的焊盘上，通过加热印制电路板直至焊锡膏熔化，冷却后便实现了元器件与印制板之间的互连。表面安装技术主要包括表面安装元件（SMC）、表面安装器件（SMD）、表面安装印制电路板（SMB）、普通混装印制电路板（PCB）、点胶黏剂、涂焊料膏、元器件安装设备、焊接技术及检测技术等。由于 SMT 的特殊性，传统的印制电路板设计方法已针对其特点做出了改变。

1. 网格尺寸

在表面安装印制电路板的设计中，网格距应采用 2.54mm（用于英制器件）或者 2.5mm（用于公制器件），以及它们的倍分数值。例如，2.54mm 的倍分数值为 1.27、0.635、…；2.5mm 的倍分数值为 1.25、0.625、…。

2. 布线区域

表面安装印制电路板的布线区域主要取决于以下因素。

（1）元器件选型及其引脚。选择性价比高的元器件是保证系统性能和经济指标的首要条件。由于相同型号、相同性能的元件有不同的封装形式和包装形式，而 SMT 生产线设备的技术性能恰好又对元器件的这些形式作出了一些限制，故了解和掌握承担产品生产的 SMT 生产线的技术条件，对 SMT 产品设计中元器件的选择及 PCB 的设计优化很重要。

（2）元器件形状、尺寸及间距。产品设计时考虑此项因素既能更好地利用现有设备，如贴片机、焊接检测设备等，又能为元器件的合理布局（如对电气性能、生产工艺的考虑等）提供依据，往往因设计而引起的质量问题在产品生产中很难克服。

（3）连通元器件的布线通道及布线设计。线宽不宜选得太细，在布线密度允许的条件下，应将连线设计得尽量宽，以保证机械强度、可靠性及制造的方便性。

（4）装联要求及导轨槽尺寸。元器件的排列方向与顺序对再流焊的焊接质量有着直接的影响，一个好的布局设计，除了要考虑热容量的均匀设计外，还要考虑元器件的排列方向与顺序。当导轨槽用于接地线或供电线时，与它们没有电气联系的印制板最外边缘的导电图形应与导轨槽外缘保持 2.5mm 以上的距离。

（5）安装空间要求及制造要求。为防止印制板加工时触及印制导线造成层间短路，内层和外层最外边缘的导电图形距离印制板边缘应大于1.25mm。当印制板外层的边缘不设接地线时，接地线可以占据边缘位置。对因结构要求已占据的印制板板面位置，不能再布设元器件和印制导线。

3. 布线要求

由于SMT提高了PCB的组装密度，在通过计算机系统进行布线设计时，线宽和线间距，以及线与过孔、线与焊盘、过孔与过孔、线与穿孔焊盘等之间的距离都要考虑好。当元器件尺寸较大、布线密度较疏时，应适当加大印制导线宽度及其间距，并尽可能把空余的区域合理地设置接地线和电源线。一般来说，功率（电流）回路的线宽、间距应大于信号（电压）回路，模拟回路的线宽、间距应大于数字回路。

对于多层印制板，当内层不需要电镀时，内层线路应多于外层，且采用较细的线条布线，在双层或多层印制板中，相邻两层的印制导线走向宜相互垂直或斜交，应尽量避免平行走向以减少电磁干扰；印制板上同时布设模拟电路和数字电路时，宜将它们的地线系统分开，电源系统分开；高速数字电路的输入端和输出端的印制导线，也应避免平行布线，必要时，其间应加设地线，同时数字信号线应靠近地线布设，以减小干扰；模拟电路输入线应加设保护环，以减小信号线与地线之间的电容。

印制电路上装有高压或大功率器件时，应尽量和低压小功率器件分开，并要确保其连接设计得合理、可靠。大面积导线（如电源或接地区域）应在局部开设窗口。设计原则是：

① 最短走线原则；
② 尽量少通过焊盘；
③ 避免尖角设计；
④ 均匀、对称的设计；
⑤ 充分合理地利用空间。

4. 元器件布置

贴装元器件的引脚间距应与元器件尺寸一致以保证贴装后焊脚尺寸与之吻合。元器件的布置应尽可能均匀分布，以避免相互干扰。图4.16（a）所示的元器件分布不均匀，而图4.16（b）所示的元器件分布则均匀合理。

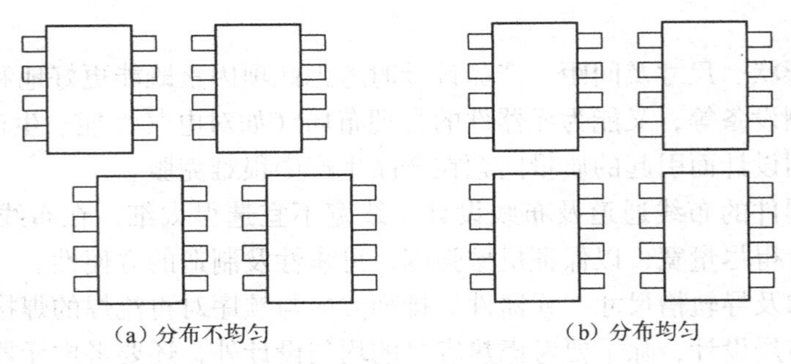

图4.16　元器件的分布

SMD不应跨越插装元件，如图4.17中A元件为插装元件，B、C元件为SMD，图4.17（a）中B元件跨越插装元件A，这是错误的，图4.17（b）为正确的SMD和插装元件分布。

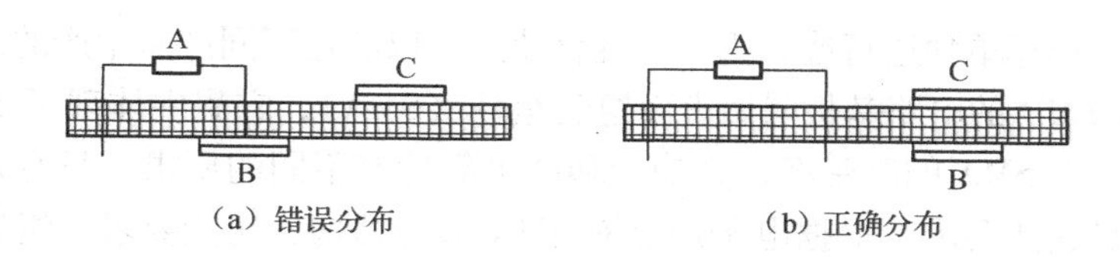

图 4.17　SMD 与插装元件分布

元件的极性排列应尽量一致，如图 4.18 所示，图（a）中第二个二极管极性与另两个二极管极性不同，此排列错误，图（b）中 3 个二极管极性排列一致，此排列正确。

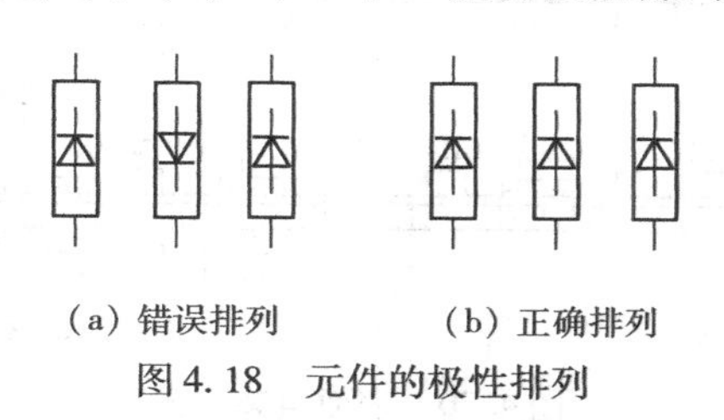

图 4.18　元件的极性排列

另外，大功率元件附近应避开热敏元件，并与其他元件留有足够的距离；较重的元器件应安排在印制板的支撑点附近，以减小印制板的变形；元器件排列应有利于空气的流通。元器件位置的改动，特别是多层板上的元器件位置的任何改动，都应经过认真分析和试验，以免造成错误的布线。

5. 焊盘设计及印字符号

最小焊盘的边缘尺寸应为 127μm，焊盘与导线的交接处应镶边，阻焊膜孔应稍大于焊盘。丝网漏印的元件符号，其位置应避免元件贴装后符号被遮盖，以便识别。如图 4.19（a）所示的元件符号位置在焊盘内，元件贴装后遮盖符号，而图 4.19（b）所示为符号的正确标识位置。

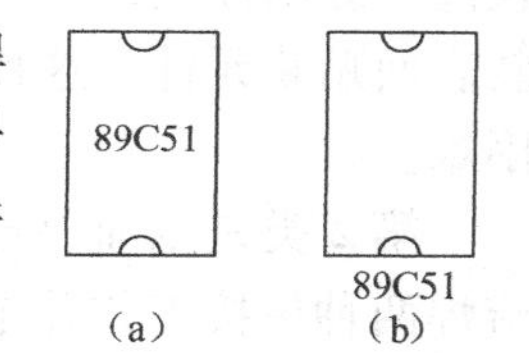

图 4.19　元件符号位置

6. 基准点

SMT 所用印制板应设计和制作基准点作为定位点和公共测量点，以便印制板的层间定位和元件定位。基准点的设置既不能覆盖阻焊膜，也不能接近布线。印制板的基准点最好在板的边缘，一般为 2 ～ 3 个；元器件的基准点可设置在元器件的布置区域内或在区域外的边缘处，一般为 1 ～ 3 个，可根据需要设置。

4.3.3　表面安装工艺

与封装元件有它的装配工艺一样，表面安装元件的安装也有自己的要求，称为表面安装工艺。表面安装的步骤是：印上焊膏，放置元件，通过回流焊使元件与印制板上的电路焊接起来，清洗。当有些元件不密封时，清洗之后要烘干去湿，以确保元件恢复正常功能。

SMT 工艺有两类最基本的工艺流程：一类是锡膏再流焊工艺，该工艺流程的特点是简单、快捷，有利于产品体积的减小；另一类是贴片波峰焊工艺，该工艺流程的特点是利用双面板空间，电子产品的体积可以进一步减小，且仍使用通孔元件，价格低廉，但设备要求增多，波峰焊过程中缺陷较多，难以实现高密度组装。在实际生产中，应根据所用元器件和生产装备的类型及产品的需求，选择单独进行或者重复、混合使用，以满足不同产品生产的需要。

组装好SMC/SMD的电路基板叫做表面组装组件（SMA），它集中体现了SMT的特征。在不同的应用场合，对SMA的高密度、高功能和高可靠性有不同的要求，只有采用不同的方式进行组装才能满足这些要求。根据电子产品对SMA形态结构、功能要求、组装特点和所用电路基板类型（单面和双面板）的不同，将表面组装分为3类6种组装方式，如图4.20所示。

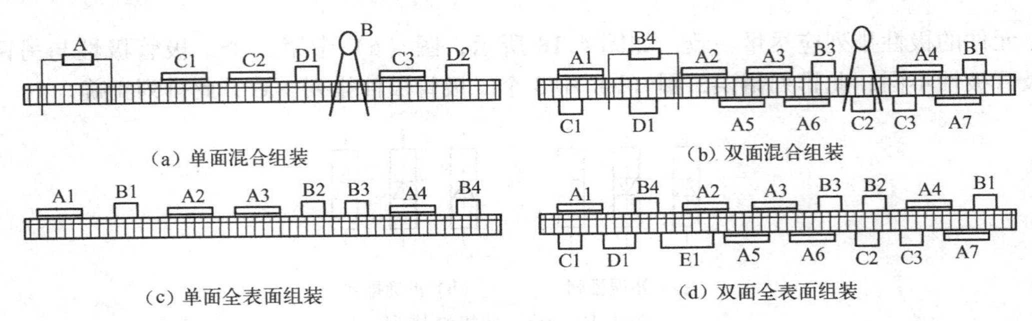

图4.20 表面组装方式

第1类是单面混合组装，如图4.20（a）所示，采用单面电路板和双波峰焊接工艺。第1类又分成第1种先贴法和第2种后贴法两种组装方式。先贴法是先在电路板B面贴装表面贴装元件，而后在A面插装穿孔元件。其工艺特点是操作简单，但需留下插装穿孔元件时弯曲引线的操作空间，因此组装密度低。另外，插装穿孔元件时容易碰着已贴装好的表面贴装元件，引起表面贴装元件损坏或受机械振动而脱落，为了避免这种危险，黏结剂应具有较高的黏结强度，以耐机械冲击。后贴法组装方式是先在A面插装穿孔元件，后在B面贴装表面贴装元件，这种方法克服了先贴法组装方式的缺点，提高了组装密度，但涂敷黏结剂困难。

第2类是双面混合组装，如图4.20（b）所示，采用双面印制电路板，双波峰焊和再流焊两种焊接工艺并用，它同样有先贴表面贴装元件和后贴表面贴装元件的区别，一般选用先贴法。这一类又分成两种组装方式，即第3种和第4种组装方式。第3种是表面组装元器件（SMC和SMD）和穿孔元件同在基板一侧，而第4种是SMIC（表面组装集成电路）和穿孔元件放在PCB的A面，而把表面贴装元件和小外形晶体管放在B面。这一类组装方式的特点是单面或双面均有表面组装元器件（SMC和SMD），而把难以表面组装化的元件插装，因此组装密度相当高。

第3类是全表面组装，它又可分为单面表面组装（如图4.20（c））和双面表面组装（如图4.20（d）），即第5种和第6种组装方式。常采用细线图形的印制电路板或陶瓷基板和细间距四方扁平组件，采用再流焊接工艺。这类组装方式的组装密度非常高。

4.4 整机装配工艺

整机装配通常包括印制电路板装联、面板装配、机芯和各个整机装配、机壳机箱的装配、包装等工艺。总装按方式不同可归纳为两类：一类是可拆的联装；另一类是不可拆的联装，如焊接。总装按整机的结构来分，可分为整机装配和组合件装配两种。整机装配是把整机看成一个独立体，它把零部件通过各种方式装配在一起，组合成一个不可分的整体而完成独立的功能，如收音机、电视机等。组合件装配是整机由若干个组合件组成，每一个组合件有独立的功能，组合件可随时拆卸。

4.4.1 整机装配的基本顺序

电子设备的整机装配有多道工序，这些工序的完成顺序是否合理，直接影响到设备的装配质量、生产效率和操作者的劳动强度。

电子设备整机装配的基本顺序是：先轻后重、先小后大、先铆后装、先装后焊、先里后外、先平后高，上道工序不得影响下道工序。

1. 整机装配的基本要求

电子设备的整机装配是把半成品装配成合格产品的过程。对整机装配的基本要求如下所述。

（1）整机装配前，对组成整机的有关零部件或组件必须经过调试和检验，不合格的零部件或组件不允许投入生产线。检验合格的装配件必须保持清洁。

（2）装配时要根据整机的结构情况，应用合理的安装工艺，用经济、高效、先进的装配技术，使产品达到预期的效果，满足产品在功能、技术指标和经济指标等方面的要求。

（3）严格遵循整机装配的顺序要求，注意前后工序的衔接。

（4）装配过程中，不得损伤元器件和零部件，避免碰伤机壳、元器件和零部件的表面涂敷层，不得破坏整机的绝缘性。保证安装件的方向、位置、极性的正确，保证产品的电性能稳定，并有足够的机械强度和稳定度。

（5）小型机大批量生产的产品，其整机装配在流水线上按工位进行。每个工位除按工艺要求操作外，要求工位的操作人员熟悉安装要求和熟练掌握安装技术，保证产品的安装质量，严格执行自检、互检与专职调试检查的“三检”原则。装配中每一个阶段的工作完成后都应进行检查，分段把好质量关，从而提高产品的一次通过率。

2. 整机装配中的流水线

（1）流水线与流水节拍。装配流水线就是把一部整机的装联、调试等工作划分成若干个简单操作，每一个装配工人完成指定操作。在划分时要注意到每人操作所用的时间应相等，这个时间称为流水的节拍。

装配的设备在流水线上移动的方式有多种，有的是把装配的底座放在小车上，由装配工人沿轨道推进，这种方式的时间限制不很严格；有的是利用传送带来运送设备，装配工人把设备从传送带上取下，按规定完成装联后再放到传送带上，进行下一个操作。由于传送带是连续运转的，所以这种方式的时间限制很严格。

传送带的运动有两种方式，一种是间歇运动（即定时运动），另一种是连续均匀运动。每个装配工人的操作必须严格按照所规定的时间节拍进行。完成一部整机所需的操作和工位（工序）的划分，要根据设备的复杂程度、日产量或班产量来确定。

（2）流水线的工作方式。目前，电视机、收录机的生产大都有整机装配流水线和印制电路板插焊流水线。其流水节拍的形式分为自由节拍形式和强制节拍形式两种。下面以印制电路板插焊流水线为例加以阐述。

① 自由节拍形式。自由节拍形式分手工操作和半自动化操作两种类型。手工操作时，装配工人按规定插件，剪掉多余的引线，然后在流水线上传递。半自动化操作时，生产线上

配备着具有铲头功能的插件台，每个装配工人独用一台。整块电路板上元件的插装工作完成后，通过传送带送到波峰焊接机上。这种流水线方式的时间安排比较灵活，但生产效率低。

② 强制节拍形式。采用强制节拍形式时，插件板在流水线上连续运行，每个操作工人必须在规定的时间内把所要求插装的元器件、零件准确无误地插到印制板上。这种方式带有一定的强制性。在选择分配每个工位的工作量时应留有适当的余地，以便既保证一定的劳动生产率，又保证产品质量。这种流水线方式的工作内容简单，动作单纯，记忆方便，可减少差错，提高工效。

3. 整机装配的工艺流程

电子产品装配的工序因设备的种类、规模不同，其构成也有所不同，但基本工序并没有什么变化。其过程大致可分为装配准备、装联、调试、检验、包装、入库或出厂等几个阶段，据此来制订出整机装配的最有效工序。一般整机装配工艺的具体操作流程如图 4.21 所示。

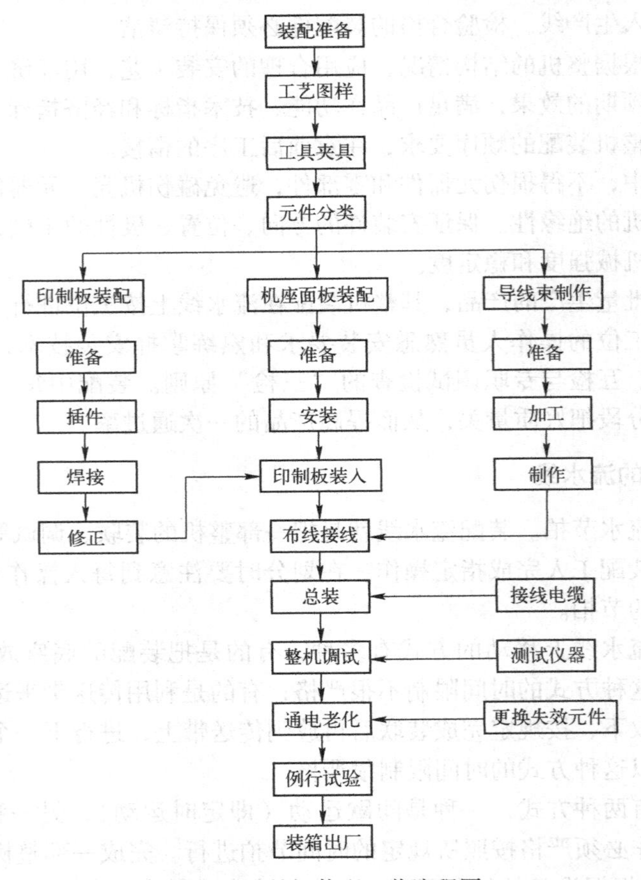

图 4.21　整机装配工艺流程图

由于产品的复杂程度、设备条件、生产场地条件、生产批量、技术力量及操作工人技术水平等情况的不同，因此生产的组织形式和工序也并非一成不变的，要根据实际情况进行适当调整。例如，小批量生产可按工艺流程主要工序进行，若大批量生产，则其装配工艺流程中的印制板装配、机座装配及线束加工等几个工序，可并列进行。在实际操作中，要根据生产人数、装配人员的技术水平等条件来编制最有利于现场指导的工序。

4.4.2 整机装配中的接线工艺

1. 接线工艺要求

产品整机装配对规定的导线不能随意更改，因为它是根据电路的频率、电压和特殊要求来选定的，即使颜色也是按一定的原则来配色的。例如，红色和粉红导线都用于晶体管集电极电路，蓝色用于发射极电路，白色和灰色用于基极电路，此外导线的走向要合理整齐，高、低压线与高、低频线的安装与走向要整齐。如果接线不符合工艺要求，轻则影响电路信号的传输质量，重则使整机无法正常工作，甚至会发生整机毁坏。整机装配时接线应满足以下要求。

（1）接线要整齐、美观，在电气性能许可的条件下减小布线面积。如对低频、低增益的同向接线尽量平行靠拢，分散的接线组成整齐的线扎。

（2）接线的放置要可靠、稳固和安全。导线的连接、插头与插座的连接要牢固，连接线要避开锐利的棱角、毛边，避开高温元件，防止损坏导线绝缘层。传输信号的连接线要用屏蔽线导线，避开高频和漏磁场强度大的元器件，减少外界干扰。电源线和高电压线连接一定要可靠、不可受力。

（3）接线的固定可以使用金属、塑料的固定卡或搭扣，单根导线不多的线束可用胶黏剂进行固定。

2. 接线工艺

（1）配线。配线是根据接线表要求准备导线的过程。配线时需考虑导线的工作电流、电路的工作电压、信号电平和工作频率等因素。

（2）布线原则。整机内电路之间连接线的布置情况与整机电性能的优劣有密切关系，因此要注意连接线的走向。布线原则如下所述。

① 为减小导线间相互干扰，不同用途、不同电位的导线不要扎在一起，要相隔一定距离，或走线相互垂直交叉。低压电路应贴底板引走，除与高压部分保持一定距离外，为了防止与低频放大器某些部分交联时产生干扰，还应与低频连线保持一定距离，一般采用线扎处理低压的走向。高压电路接线应与机架、机壳、低压部分及接地导线保持一定距离。导线绝缘可靠，不能受潮，以免发生短路，焊接点需牢靠，无毛刺，无污垢，以防高压打火、尖端放电。

② 连接线要尽量短，使分布电感和分布电容减至最小，尽量减小或避免产生导线间的相互干扰和寄生耦合。高频、高压的连接线更要注意此问题。

③ 从线扎中引出分支接线到元器件的接点时，线扎应避免在密集的元器件之间强行通过。线扎在机内分布的位置应有利于分线均匀。

④ 与高频无直接连接关系的线扎要远离高频回路，不要紧靠回路线圈，防止造成电路工作不稳定。高低频电路随着频率的变化，波长也随之发生变化。当频率高到一定的程度时，它的波长与电路中的元器件或导线可比时，分布参数的存在使电路呈现的阻抗发生明显变化，影响电路的性能，为了使分布参数对高颇的影响尽可能小，调频导线应比低频导线在连接上多一些特殊要求，即导线连接尽量要短，走向要简捷，尽量不要平行走，接地线一定要按工艺文件的规定接地点连接，不要随意改动，屏蔽导线不能两点接地，灯丝线不要与其他导线结合起来，调频线绝不能与一般线扎在一起。

⑤ 电路的接地线要妥善处理。接地线应短而粗，地线按照就近接地原则，避免采用公共地线，防止通过公共地线产生寄生耦合干扰。

3. 布线方法

（1）为保证导线连接牢固、美观，水平导线布设尽量紧贴底板，竖直方向的导线可沿框边四角布设。导线弯曲时保持其自然过渡状态。线扎每隔 20 ～ 30cm 及在接线的始端、终端、转弯、分叉、抽头等部位要用线夹固定。

连接导线时应首先按照工艺文件指定的部位及编号连线，然后对号入座进行连接。同时应该做到扎线束中的导线出头位置应离焊接点近，并力求与扎线束垂直，然后进行焊接。电缆线的焊接方法如图 4. 22 所示。

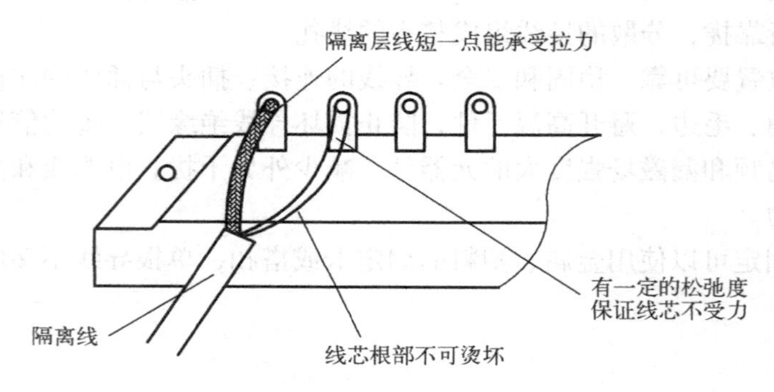

图 4. 22　电缆线的焊接方法

（2）交流电源线、流过高频电流的导线，应远离印制电路底板，可把导线支撑在塑料支柱上架空布线，以减小元器件之间的耦合干扰。

（3）一般交流电源线采用绞合布线。

整机装配完毕后，要通电测试各级电流、电压等参数，使整机能初步正常工作，试听、试看图像或各种信号指示，这一工艺过程是总装质量好坏的初步检查，通常总装检验工序的步骤如下。

① 检查各级接触处连接是否良好，并安装各级保险丝。

② 接通电源，测试整机电流、电压等参数，其他参数测试中，也需要增加或更换某些元器件，使整机达到工艺文件规定的初验要求。

③ 检验结束后，在生产记录卡上做好工序加“印”标记，以备流转下道工序。

此外，总装结束后，整机产品应进入等级化试验、调试、测试及出厂检验工序，然后进行包装。

4. 4. 3　整机装配中的机械安装工艺要求

整机装配的机械安装工艺要求在工艺设计文件、工艺规程上都有明确的规定，它是指进行机械安装操作中应遵循的最基本要求。其基本要求如下所述。

（1）准备。详细核对自制件、零部件的规格、数量是否符合工艺规定，包括底板、机架接地脚焊接是否牢靠，弯角件、机架点焊是否牢靠。某些整机如雷达设备铝铸成型的机架，一般加工前还需要进行退火热处理，增强机架加工的机械强度。

（2）严格按照设计文件和工艺规程操作，保证实物与装配图一致。

（3）交给该工序的所有材料和零部件均应经检验合格后方可进行安装，安装前应检查其外观有无伤痕，涂敷有无损坏。

（4）安装时机械安装件的安装位置要正，方向要对，不歪斜。

（5）安装中的机械活动部分，如控制器、开关等，必须保证其动作平滑自如，不能有阻滞现象。

（6）当安装处是金属面时，应采用钢垫圈，以减小连接件表面的压强。仅用单一螺母固定的部件，应加装止动垫圈或内齿垫圈防止松动。

（7）用紧固件安装接地焊片时，要去掉安装位置上的涂漆层和氧化层，保证接触良好。

（8）机械零部件在安装过程中不允许产生裂纹、凹陷、压伤和可能影响产品性能的其他损伤。

（9）工作于高频率、大功率状态的器件，用紧固件安装时，不许有尖端毛刺，以防尖端放电。

（10）安装时勿将异物掉入机内，安装过程中应随时注意清理紧固件、焊锡渣、导线头及元件、工具等异物。

（11）在整个安装过程中，应注意整机面板、机壳或后盖的外观保护，防止出现划伤、破裂等现象。

（12）整理。安装完毕后要进行美观整理，并检查机架装配是否符合工艺文件规定的质量要求，保证机架、骨架及底板符合不松动、不变形、不损伤的要求。

4.4.4　整机装配中的面板、机壳装配

面板用于安装电子产品的操纵和控制元器件、显示器件，它是重要的外观装饰部件。对于不同的电子产品，面板内容也有所区别，如电视机的面板包括屏幕框架、波段转换指示板等；收音机的面板包括机壳前面部分：刻度板、各种旋钮位置、喇叭板、收/录放部分等；无线电测量仪器的面板包括显示器、指示器、各种开关控制旋钮、插孔座、接线柱等。某些仪器设备的面板还有内外面板之分。现在的一些电子产品的面板采用一次丝印成形工艺，制作非常精美，而机壳构成了产品的骨架主体，也决定了产品的外观造型，同时起着保护安装其他部件的作用。目前，电子产品的面板、机壳已向全塑型发展。

1. 面板、机壳的装配要求

（1）凡是面板、机壳接触的工作台面，均应放置塑料泡沫或橡胶垫，防止装配过程中划伤其表面。搬运面板、机壳时，要轻拿轻放，不能碰压。

（2）为了保证面板、机壳表面的整洁，不能任意撕下其表面的保护膜，保护膜也可以防止装配过程中产生擦痕。

（3）面板、机壳间插入、嵌入安装处应完全吻合与密封。

（4）面板上各零部件（操纵和控制元器件、显示器件、接插部件等）应紧固无松动，而其可动部分（控制盒盖、调谐钮等）的操作应灵活、可靠。

2. 面板、机壳的装配工艺

(1) 面板、机壳内部预留有各种台阶及成形孔，用来安装印制电路板、扬声器、显像管、变压器等其他部件。装配时应执行先里后外、先小后大的程序。

(2) 面板、机壳上使用自攻螺钉时，螺钉尺寸要合适，防止面板、机壳被穿透或开裂。手动或机动旋具应与工件垂直，扭力矩大小适中。

(3) 应按要求将商标、装饰件等贴在指定位置，并保证端正、牢固。

(4) 机框、机壳合拢时，除卡扣嵌装外，用自动螺钉紧固时，应垂直、无偏斜和松动。

任务与实施

1. 任务

单片机仿真器的装配。

2. 任务实施器材

(1) 单片机仿真器装配图如图 4.23 所示，实物 PCB 板图如图 4.24 所示，元器件清单如表 4.4 所示。

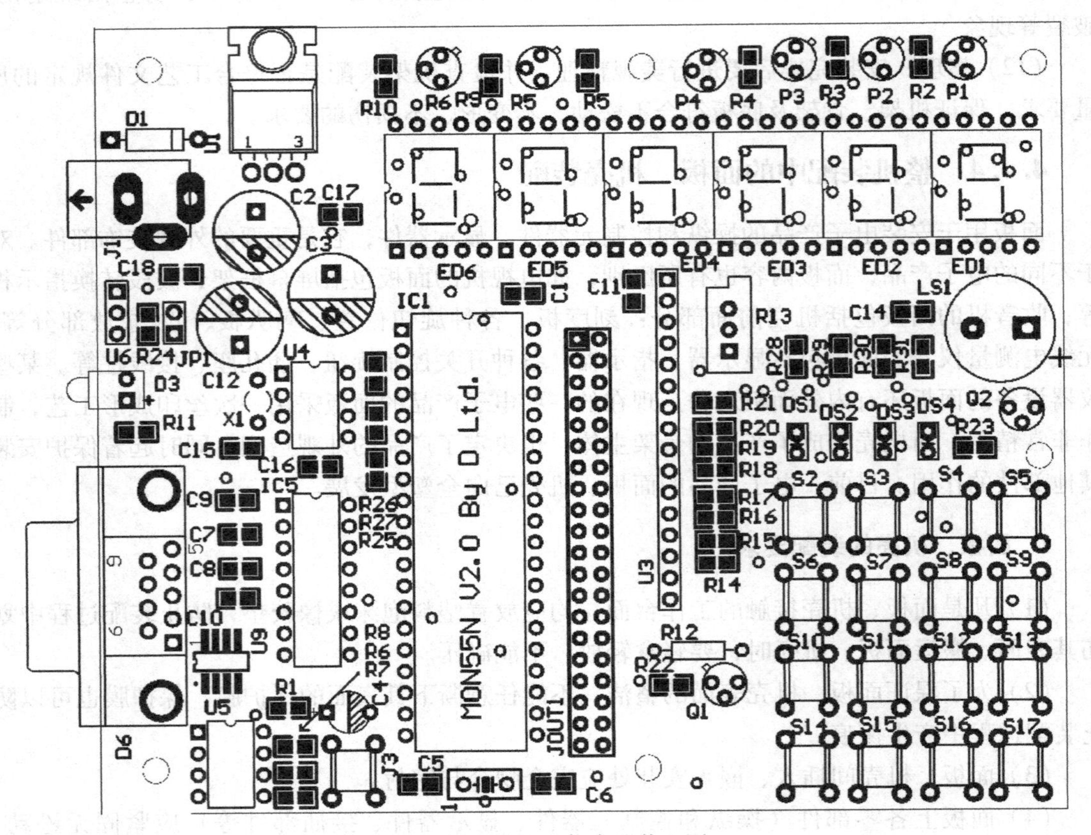

图 4.23　单片机仿真器装配图

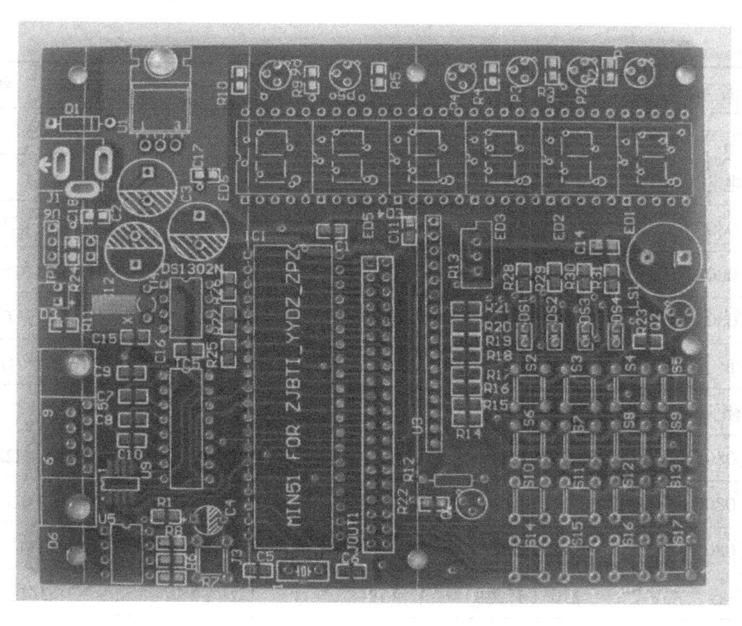

图 4.24　单片机仿真器 PCB 板图

表 4.4　元器件清单

序号	材料名称	型号/规格	数　量	编　号
1	CPU	STC89C52RC	1	IC1
2	稳压集成块	LM7805	1	U1
3	集成块	MAX232	1	IC5
4	集成块	AT24C02A	1	U5
5	集成块	DS1302	1	U4
6	液晶	1602	1	U3
7	扁线	40 芯（20CM）	1	
8	接插件	IDC16（直）	1	U3
9	IC 座	8 芯	2	U4/U5
10	二极管	1N4007	1	D1
11	三极管	8550	8	P1 ～ P6
12	三极管	8550	2	Q1、Q2
13	温度传感器	DS18B20	1	U6
14	晶振	11.0592MHz	1	X1
15	晶振	32.768kHz	1	X2
16	数码管	8 字（共阴）	6	LED1 ～ LED6
17	电位器	5kΩ	1	R13
18	电解电容	1000μF/16V	1	C2/C12

续表

序号	材料名称	型号/规格	数量	编号
19	电解电容	470μF/16V	1	C3
20	电解电容	10μF	2	C4
21	电容（0805）	1μF	4	C5、C6、C7、C8
22	电容（0805）	0.1μF	8	C3、C11 ～ C17
23	电容（0805）	15pF	2	C5、C6
24	LED	ϕ5	5	DS1 ～ DS5
25	电阻	RT－12－10	1	R12
26	电阻（0805）	2.2kΩ	12	R2 ～ R5，R9 ～ R10，R22，R23，R28 ～ R31
27	电阻（0805）	10kΩ	6	R8 ～ R10、R4
28	电阻（0805）	3.3kΩ	1	R11
29	蜂鸣器	ϕ10（有源）	1	JZ1
30	集成块插座	40P	3	
31	插针（单排）YH	XH－2.54（40芯/根）	2	
32	二芯屏蔽线	AVVR2×0.5	1M	
33	RS232接插件（套）	DB9（公头）	1	
34	RS232接插件（套）	DB9（母头）	1	
35	电源座	ϕ6	1	
36	按键	6×6	16	
37	RS232弯插座	DB9（母头）	1	
38	9V稳压电源	500mA	1	
39	集成块插座	16P	1	
40	集成块插座	8P	3	

（2）单芯、多芯塑胶绝缘导线若干。

（3）具有金属编织屏蔽层的电缆、高频同轴软线、热缩套管若干。

（4）印制电路板、元器件、集成块底座一套。

（5）配备斜口钳、剥线钳、剥皮刀、电烙铁、焊锡丝、松香、镊子、剪刀、测量工具、不同规格的一字形、十字形螺钉旋具等工具。

（6）电源插头、插线板、屏蔽电缆插头、同轴电缆插头等接插件若干。

3. 任务实施过程

（1）用斜口钳或剪刀剪取一定长度的单芯或多芯塑胶绝缘导线。

（2）用剥皮刀或剥线钳将导线两端的绝缘层按要求剥除。

(3) 对多股芯线捻头。

(4) 给导线端头上锡。

(5) 用斜口钳或剪刀剪取一定长度的屏蔽导线和同轴电缆。

(6) 用剥皮刀或剥线钳将导线两端的绝缘层按要求剥除。

(7) 将屏蔽层与绝缘层分开。

(8) 对芯线和屏蔽编织线端进行整形。

(9) 给芯线端头及屏蔽层搪锡。

(10) 套套管。

(11) 将导线与接插件连接起来。

(12) 印制电路板上元器件与底座的焊接。

(13) 印制电路板底座上集成块的插入。

(14) 选择合适的工具进行电子产品的装配。

4. 评分标准

(1) 编制安装顺序指导书。

<table>
<tr><td colspan="2" rowspan="2">××××学院</td><td>文件编号</td><td rowspan="2"></td></tr>
<tr><td>制订日期</td></tr>
<tr><td rowspan="4">文 件
名 称</td><td rowspan="4"></td><td>版　　本</td><td></td></tr>
<tr><td>制　　订</td><td></td></tr>
<tr><td>审　　核</td><td></td></tr>
<tr><td>批　　准</td><td></td></tr>
<tr><td colspan="4">一、作业内容</td></tr>
<tr><td colspan="4">二、作业准备</td></tr>
<tr><td colspan="4">三、作业过程</td></tr>
<tr><td colspan="4">四、注意事项</td></tr>
</table>

（2）安装质量考评。

	项目内容	原理图编号	型号与规格	数量	安装要点	安装质量	得分
贴片元件							
集成块插座							
弯插座							
电源插座							
稳压管							
二极管							
蜂鸣器							
按键							
电容器							

续表

	项目内容	原理图编号	型号与规格	数量	安装要点	安装质量	得分
晶振							
三极管							
接插件							
集成块							
数码管		效果：					
液晶		效果：					
制作串口		效果：					
学习态度、协作精神和职业道德							
安全文明生产		违反安全文明操作规程，扣 10 ～ 20 分					
定额时间		4 小时，训练不允许超时，每超时 5 分钟扣 2 分					
备注	评分标准可根据实际情况进行设置与修改				成绩		

作业

1. 什么是电子产品的安装？
2. 什么是安装工艺？电子产品安装时的基本原则是什么？
3. 在电子产品的安装中，常用到哪些紧固和连接方式？
4. 简述铆接的特点和方法。
5. 在电子产品的安装中，为什么要进行元器件的老化和筛选？
6. 什么是元器件的检验？检验时有什么要求？
7. 什么是表面安装技术？采用表面安装技术有何优越性？
8. 在表面安装中，布线时印制导线的设计原则是什么？
9. 表面安装时，元器件的布局要注意哪些问题？
10. 表面安装过程中，有哪些关键工序？
11. 整机的机架装配有哪些过程？

5

项目5

电子产品生产组织与质量管理

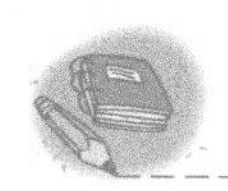

项目要求

在经济全球化的今天，中国已成为全球最重要的电子产品生产基地，要使中国的电子产品走向世界，不仅要有雄厚的技术力量，而且还要有一套与世界接轨的先进的管理体系。因此，必须学习一些电子产品管理及ISO质量管理体系方面的知识。

【知识要求】

- 了解电子产品制造工艺工作程序。
- 了解产品制造各阶段的工艺工作。
- 了解电子产品制造工艺的管理。
- 了解生产过程的质量管理。
- 了解ISO 9000系列国际质量标准。
- 了解ISO 14000系列环境标准。

【能力要求】

- 掌握电子产品制造工艺工作程序。
- 掌握产品制造各阶段的工艺工作。
- 掌握电子产品制造工艺的管理。
- 掌握生产过程的质量管理。
- 能查询ISO 9000系列国际质量标准。
- 能查询ISO 14000系列环境标准。

5.1　电子产品生产工艺工作组织

现代电子产品的生产过程是一个系统工程，从宏观的角度讲，涉及人力、材料、方法、设备和环境等几个因素，经过研制、设计、生产及销售等阶段，才能转化为商品；从微观的角度看，在研制、设计时，必须准确考虑人力、材料、方法、设备和环境的条件，即产品的工艺性能，才能把上述条件变为经济效益。产品生产是通过一系列工序、工位的具体操作来实现加工的过程，每一个工位的操作，又是人力、材料、方法、设备和环境的组合，在这样的系统中，管理起到了中枢神经的作用。就过程本身来说，它表现为生产的工艺；就过程的结果来说，它表现为产品的质量。

5.1.1　电子产品生产工艺工作程序

1. 电子产品生产过程的几个阶段

就电子产品生产企业而言，生产过程并非单纯指产品定型以后的批量生产过程，应该是从研制开发到商品销售的全部过程。一般来说，产品的生产过程可以大致分为预研制、设计性试制、生产性试制和批量化生产等几个主要阶段，也可以分为设计、试制和生产 3 个阶段，在每个阶段中又细分为若干个层次。其实，生产的全过程本身就是一个不断改进、调整、进步，螺旋上升的过程，即使是已经大批量生产的产品，为改进其质量也要不断进行生产工艺的研究、试验、调整和应用。

（1）设计。设计阶段应该从市场调查开始，了解市场信息，分析用户心理，掌握用户对产品的质量要求。通过调查制订产品的设计方案，对方案进行可行性论证，找出技术关键点及难点，对原理方案进行试验，在试验的基础上进行样机设计。

（2）试制。试制包括样机试制、产品定型设计和小批量试制 3 个阶段。依据第一阶段的样机设计资料进行样机试制，实现产品预期的性能指标，验证产品的工艺设计，制订产品的生产工艺，进行小批量生产，同时完善全套工艺技术资料。

（3）批量生产。开发一种产品，总希望达到批量生产的目的。生产批量越大，越容易降低成本，进而提高经济效益。在批量生产的过程中，应该根据全套工艺技术资料组织生产，包括原材料的供应，零部件的外协（外包）加工，工具设备的准备，生产场地的布置，调整装配焊接与调试生产的流水线，进行各类人员的技术培训，设置各工序、工种的质量检验，制定包装运输的规则及试验，开展广告宣传与销售，安排售后服务与维修等一系列工作。

2. 电子产品生产的基本要求

电子产品生产制作的基本要求包括生产企业的设备情况、技术和工艺水平、生产能力和生产周期，以及生产管理水平等方面。产品如要顺利地投产，必须满足生产条件对它的要求，否则就不可能生产出优质的产品，甚至根本无法投产。

（1）生产企业的设备情况。电子产品的生产企业应该具备与所生产的产品相配套的、完善的仪器设备，以便于产品的研制开发和批量生产。

（2）技术和工艺水平。生产企业需配备相关的技术研究人才，能够根据产品的不同特点、需方的不同要求，研制、开发产品，完善产品的性能；还应具有相当的工艺水平，能够根据设计要求，生产出合格的产品。

（3）生产能力和生产周期。产品定型后，要进入成批生产阶段。生产企业应具有配套的仪器设备、加工材料、熟练的技术工人和完备的生产程序，生产出符合设计要求的合格产品；同时合理安排各工序，以缩短生产周期，提高生产效率，降低生产成本。

（4）生产管理水平。在电子产品的生产过程中，科学的管理已成为第一要素。管理不善将造成生产混乱、浪费严重、工序时间拉长，导致生产效率降低，生产成本上升；管理落后会使产品质量下降，劣质产品充于市场，破坏企业形象，最终导致企业破产。

3. 电子产品生产过程对电子元器件等材料的基本要求

（1）产品中的零件、部件、元器件，其品种和规格应尽可能少，尽量使用由专业厂家生产的通用零部件或产品。这样做便于生产管理，有利于提高产品质量，降低成本。

（2）产品中的机械零部件，必须具有较好的结构工艺性，能够采用先进的工艺方法和流程，这样可使原材料消耗低，加工工时短，便于实现工序自动化。

（3）产品中的零部件、元器件及其各种技术参数、形状、尺寸等，应最大限度的标准化和规格化，还应尽可能采用生产厂家以前曾经生产过的零部件，充分利用生产厂家的先进经验，使产品具有继承性。

（4）产品所使用的原材料，其品种规格越少越好，应尽可能少用或不用贵重材料，立足于使用国产材料和来源多、价格低的材料，这样可以在保证产品质量的同时，降低产品的成本。

（5）产品（含零部件）的加工精度要与技术条件要求相适应，不允许无根据地追求高精度。在满足产品性能指标的前提下，其精度等级应尽可能低，装配也应简易化，尽量不搞选配和修配，力求减少装配工人的体力消耗，同时也便于启动流水生产。

4. 电子产品生产工艺工作程序

电子产品生产工艺工作程序，是指在上述各个阶段中有关工艺方面的工作规程。工艺工作贯穿于产品设计、生产的全过程。

如图5.1所示为电子产品生产工艺工作程序图。可以看出，电子产品生产工艺工作的流程环节、审批过程及信息反馈是一个“闭环”的控制网络和管理系统。

5.1.2 电子产品生产各阶段的工艺过程

1. 工艺过程的含义

工艺过程是生产者利用生产设备和生产工具，对各种原材料、半成品进行加工或处理，

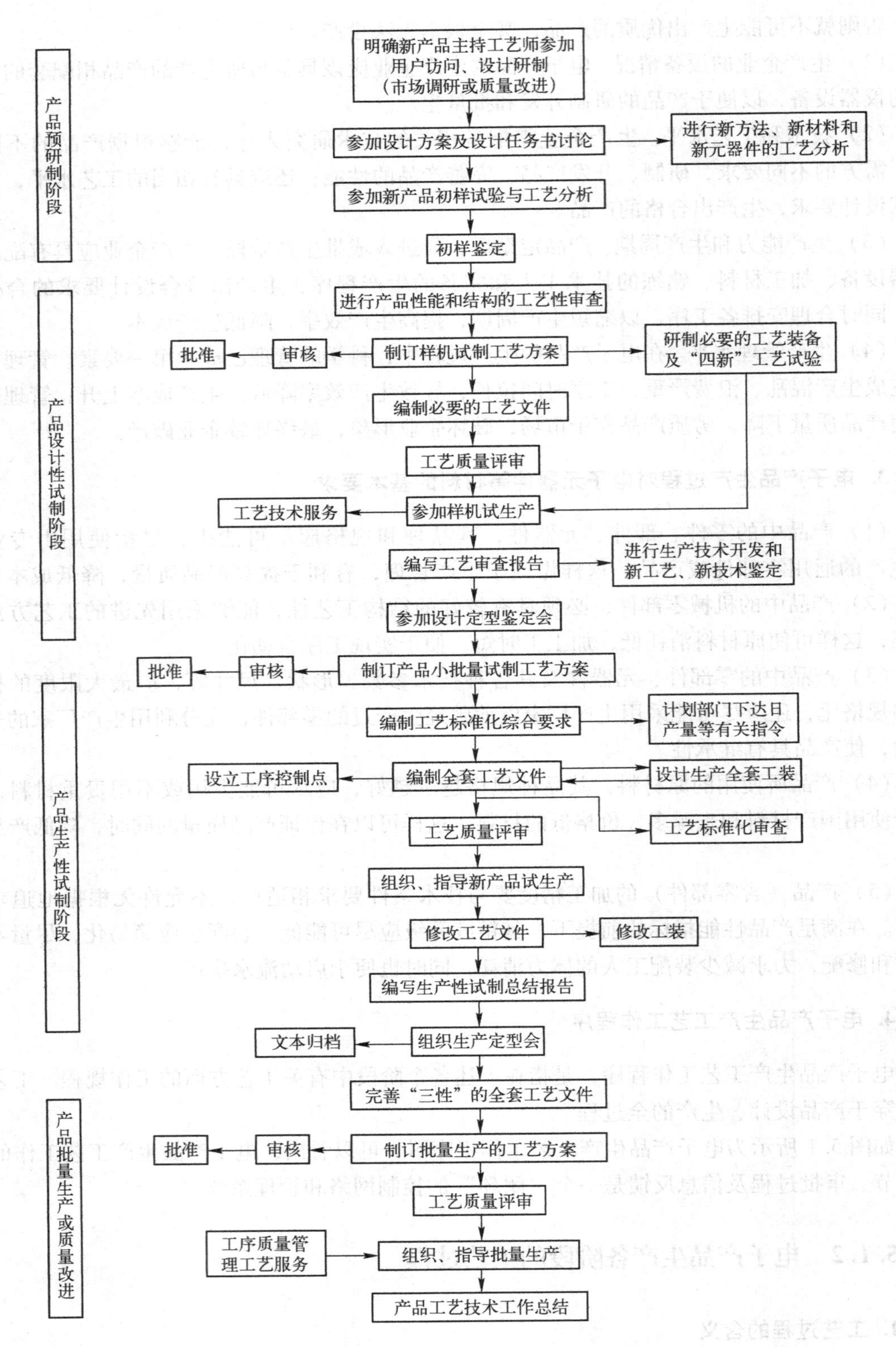

图 5.1　电子产品生产工艺工作程序图

使之成为符合技术要求的产品的技术过程。它是指电子产品从预研制阶段、设计性试制阶段、生产性试制阶段，到批量性生产阶段等各阶段中，有关工艺方面的工作规程，它贯穿于产品设计、生产的全过程。通常，元器件加工工艺过程和装配工艺过程是电子产品生产企业的主要工艺过程。

2. 工艺过程的基本构成

工艺过程主要由工序、工位、工步、安装、进度等部分构成。

（1）工序。工序是组成工艺过程的基本单元，是指一个工人（或几个工人）在一个工作地点对一个工件（或同时对几个工件）连续完成的那部分工作。在电子工艺过程中，一般以工序作为单位进行工时定额估算和生产成本核算等。

（2）工位。产品安装后，连同工装（夹具）一起在设备上占据并保持一个正确的位置，该位置称为工位。

（3）工步。插件安装、焊接装配速度和进给量（安装速度）都不变的情况下，所完成的工位内容称为工步。

（4）安装。使产品在加工之前，在工位中占据并保持一个正确的位置。在一个工序中产品可能只安装一次，也可能安装几次。

（5）进度。装配焊接一次所完成的工作内容称为进度。

工艺过程的各个组成单元之间存在复杂的联系和约束，在实际操作中，应根据各产品的特点反复调整，使它们构成最佳组合，以利于产品生产在整个工艺过程的合理安排。

3. 产品预研制阶段的工艺过程

（1）参加新产品设计调研和用户访问。企业在确定新产品主持设计师的同时，应该确定主持工艺师。主持工艺师应当参加新产品的设计调研和老产品的用户访问工作。

（2）参加新产品的设计和老产品的改进设计方案论证。针对产品结构、性能、精度的特点和企业的技术水平、设备条件等因素，进行工艺分析，提出改进产品工艺性的意见。

（3）参加产品初样试验与工艺分析。对按照设计方案研制的初样作工艺分析，对产品试制中可采用的新工艺、新技术、新型元器件及关键工艺技术进行可行性研究试验，并对引进的工艺技术做到消化吸收。

（4）参加初样鉴定会。参加初样鉴定会，提出工艺性评审意见。

4. 产品设计性试制阶段的工艺过程

（1）进行产品设计工艺性审查。

① 对于所有新设计或改进设计的产品，在设计过程中均应由工艺部门负责进行工艺性审查。企业对外来产品的图样、简图，在首次生产前也要进行工艺性审查。

产品设计阶段工艺性审查的目的是，使新设计的产品在满足技术要求的前提下符合一定的工艺性要求，尽可能在现有的生产条件下采用比较经济、合理的方法生产出来，并便于检测、使用和维修；如果现有的生产条件尚不能满足设计要求，应及时提出新的工艺方案、设备、工装设计要求或外协加工的工艺性要求，提出技术改造的建议与内容，及时向设计部门提供新材料、新型元器件和新工艺的技术成果，以便改进设计。从生产的角度提出工艺继承性的要求，审查设计文件是否最大限度地采用了典型结构和典型线路设计，以便尽可能采用典型工艺和标准工艺。

产品设计工艺性审查的基本要求如下：

- 全面检查产品图纸的工艺性，检查定位、基准、紧固、装配、焊接及调试等加工要求是否合理，所引用的工艺是否正确可行；
- 详细了解产品的结构，提出加工和装配上的关键问题及关键部件的工艺方案，协助解决设计中的工艺性问题；
- 审查设计文件中采用的材料状态及纹向、尺寸、公差、配合、粗糙度、图幅是否合理，审查采用的元器件的质量水平（合格质量、可焊性和失效率），以及元器件生产厂家是否已被选择或指定；
- 当本企业的工艺技术水平尚不能达到设计文件的要求时，工艺人员应该建议改变设计，或者提出增添设备、工装的计划，保证每一张图纸都能按照设计文件的要求进行加工；或者考虑外协加工。

② 根据生产的难易程度和经济性，对产品进行生产工艺性分类；根据产品在用户使用过程中维护、保养和修理的难易程度，进行使用工艺性分类。在评定产品的工艺性时，应该考虑的主要因素有：产品的种类及复杂程度，产量、生产类型和发展前景，企业现有的生产条件，国内外工艺技术发展动态和能够创造的新条件。

③ 对产品设计进行工艺性评价的主要项目如下，这些项目指标都可以根据一定的公式定量计算，也可以依照以往的检验定性评价。

- 产品生产劳动量；
- 单位产品材料用量（材料消耗工艺定额）；
- 材料利用系数；
- 产品结构装配性系数；
- 产品工艺成本；
- 产品的维修劳动量；
- 产品加工精度系数；
- 产品表面粗糙度系数；
- 元器件平均焊接点系数；
- 产品结构继承性系数；
- 产品电路继承性系数；
- 结构标准化系数。

④ 为使所设计的新产品具有良好的工艺性，在产品设计的各个阶段均要进行工艺性审查。工艺性审查阶段的划分要与产品设计阶段的划分相一致，一般按照初步设计、技术设计和工作图设计 3 个阶段进行工艺性审查。当产品的构成比较简单或是原机型的派生产品时，也可以仅有后面一两个阶段的工艺性审查。

在产品初步设计阶段，工艺性审查的内容包括：

- 从生产的观点分析设计方案的合理性、可行性和可靠性，除了一般工艺性审查外，应该特别注意产品的安全性设计（如预防机械、电力、燃烧等危害的结构和材料）、热设计、减震缓冲结构设计、电磁兼容设计的工艺性审查；

- 分析、比较设计方案中的系统图、电路图、结构图及主要技术性能、参数的经济性和可行性；
- 分析主要原材料、配套元器件及外购件的选用是否合理；
- 分析重要部件、关键部件在本企业加工或外协加工的可行性；
- 分析产品各组成部分是否便于安装、连接、检测、调整和维修；
- 分析产品可靠性设计文件中有关工艺失效的比例是否合理、可行。

在产品技术设计阶段，工艺性审查的内容包括：

- 分析产品各组成部分进行装配和检测的可行性；
- 分析产品进行总装配的可行性；
- 分析在机械装配时避免或减少切削加工的可行性；
- 分析在电器安装、连接、调试时避免或减少更换元器件、零部件和整件的可行性；
- 分析高精度、复杂零件在本企业加工或外协加工的可行性；
- 分析结构件主要参数的可检测性和装配精度的合理性，电气线路关键参数调试和检测的可行性；
- 分析特殊零部件和专用元器件外协加工或自制的可行性。

在产品工作图设计阶段，工艺性审查的内容包括：

- 各零部件是否具有合理的装配基准和调整环节；
- 分析各大装配单元分解成平行小装配单元的可行性；
- 分析各电路单元分别调试、检测或联机调试、检测的可行性；
- 分析产品零件的铸造、焊接、热处理、切削加工，钣金、冲压加工，表面处理及塑件加工，机械装配加工的工艺性；
- 分析部件、整件或整机的电气装配连接和印制电路板加工的工艺性；
- 分析产品在安装、调试、使用、维护及保养等方面是否方便、安全。

⑤ 产品初步设计和技术设计阶段的工艺性审查和分析，通常采用会审的方式，也可以利用设计方案论证或可靠性设计评审的机会进行工艺性审查。对于构造复杂的设备或系统，主持工艺师应该从制订设计方案时起就参加有关设计工作的讨论、研究等重要活动，并随时对设计的工艺性提出意见和建议。工作图设计阶段的工艺性评审，由主持工艺师和各专业工艺人员分头进行。

接受工艺性审查的产品图样和简图，应经设计、审核人员签字。对于审查时所发现的工艺性问题，应该填写在“产品设计工艺性审查记录表”上。全套产品的设计文件经过工艺性审查以后，若无大的修改意见，审查人员应在设计文件的“工艺”栏内签字；对有较大修改意见的，暂不签字，将设计文件和工艺性审查记录表一并送交主管工艺师进行审查后，再交还设计部门。

产品设计人员根据审查人员的意见和建议修改设计。经修改后的设计文件若“工艺”栏尚未签字的，应返回给原具体负责的工艺人员复查后签字。如果设计人员和工艺人员的意见不一致，双方应当采取协商的办法解决。若协商后仍有较大的意见分歧，则由厂级（公司级）技术负责人协调或裁决。

正式图纸经过设计、审核签字以后，送交原负责工艺性审查的人员签字。工艺人员签字时有权对图纸进行复审。未经工艺部门进行工艺性审查签署的工作图，不能投入生产。

（2）制订产品设计性试制工艺方案。

① 产品工艺方案是指导产品进行工艺准备工作的依据，除单件或小批量生产的简单产品外，都应该有工艺方案。

② 设计工艺方案的原则是：在保证产品质量的同时，充分考虑生产周期、成本、环境保护和安全性，根据本企业的承受能力，积极采用国内外先进的工艺技术和装备，不断提高工艺管理和工艺技术水平。

③ 要依据下列资料和信息设计工艺方案：

- 产品图样及有关技术文件；
- 产品的生产大纲、投产日期、寿命周期；
- 产品的生产类型和生产性质；
- 本企业现有的生产能力；
- 国内外同类产品的工艺技术水平；
- 有关技术政策和法规；
- 企业技术主管对该产品工艺工作的要求及有关部门的意见。

④ 对于新产品预研试制，工艺方案应该提出必不可少的工艺技术准备工作内容，或采取临时措施的办法及过渡性的工艺原则。对于新产品设计性试制，工艺方案应在评价产品设计工艺性的基础上，提出样机试制所需要的各项工艺技术准备工作，确定必不可少的内容，或采取临时措施的办法及过渡性的工艺原则。对于一次性生产的产品，应根据产品的性质和生产类型，在保证产品质量的前提下，简明、扼要地确定工艺方案。对于老产品的改进，工艺方案主要是提出经过改进设计后的工艺组织措施。

⑤ 产品设计性试制的工艺方案内容如下。

对于新产品预研试制，应该包括：

- 审查评价设计的工艺性；
- 提出自制件和外协件的初步划分意见；
- 提出必不可少的设备、仪器的购置、代用意见；
- 提出必备的工艺装备的设计意见；
- 关键、重要的零部件的工艺规程设计意见；
- 有关新工艺、新材料及新技术的采用意见。

对于新产品设计性试制，应该包括：

- 对产品设计工艺性的审查、评价和对工艺工作量的大体估计；
- 提出自制件和外协件的调整意见；
- 提出必备的标准设备和仪器的购置、代用意见；
- 提出必需的特殊设备、测试仪器的购置或设计、改装意见；
- 提出必备的专用工艺装备的设计、生产及改进意见；
- 关键、重要的零部件的工艺规程设计意见；
- 有关新工艺、新材料及新技术的试验意见；
- 主要原材料和工时的估算。

对于一次性生产的产品和老产品的改进，工艺方案的内容可参照新产品的有关工艺方案从简进行。

⑥ 由主持工艺师根据产品设计性试制工艺方案的各项条款，提出几种方案，组织讨论确定最佳方案，并经工艺部门主管审核后送交总工程师（技术副厂长）或总工艺师批准。

⑦ 工艺方案应该编号，其书写格式应便于描图和存档。

⑧ 工艺方案（包括已经存档的工艺方案）的调整、变更，应该在评价原方案实施情况的基础之上进行，更改意见应由主持工艺师提出，并填写更改通知单，经总工程师（技术副厂长）或总工艺师批准后执行。若工艺方案在执行过程中需临时更改，由主持工艺师提出意见并经工艺部门领导同意、做好原始记录后，才能执行临时性更改。

（3）编制必要的工艺文件。

在产品设计性试制阶段，应该编制必要的工艺文件，包括：

① 关键零部件明细表和工艺过程卡片；

② 关键工艺说明及简图；

③ 关键专用工艺装备方面的工艺文件；

④ 有关材料类的工艺文件。

（4）进行工艺质量评审。

① 工艺质量评审是及早发现和纠正工艺设计缺陷，促进工艺文件完善、成熟的一种工程管理方法。应该在产品研制、改进的过程之中、工艺设计完成之后、付诸实施之前组织工艺质量评审，让非直接承担本项目的专业技术人员对工艺设计的正确性、先进性、可靠性、可行性、安全性和可检验性进行分析、审查和评议。工艺质量评审是集思广益、弥补工艺设计者知识和经验局限性的一种自我完善的重要手段。应该在不改变技术责任制的前提下，为批准工艺设计提供决策咨询。

企业应该根据产品的功能级别、管理级别和研制程序的规定，建立分级、分阶段的工艺质量评审制度，并使其制度化、程序化、规范化。企业还应该在各阶段的工艺设计完成之后、付诸实施之前设置工艺质量评审点。评审点要纳入研制计划，标注在管理系统网络图上，强制执行。

工艺质量评审要以产品设计文件（设计图纸和技术文件）、研制任务书或研制合同、有关标准、规范、技术管理和质量保证文件等作为主要依据。评审应该突出重点，抓住技术、经济方面的主要矛盾。评审重点审查的内容包括工艺总方案、生产说明书等文件，关键零件、重要部件、关键工序的工艺文件，特种工艺的工艺文件，所采用的新技术、新工艺、新材料、新元件、新装备、新的计算方法和试验结果等。企业在充分理解工艺质量评审目的要求的基础上，在保证产品质量的前提下，可以根据产品特点，对上述的主要评审内容进行取舍。

已经纳入研制计划的评审点，未经工艺质量评审，研制工作不得转入下一阶段，由计划调度和质量保证部门进行监督。

② 工艺质量评审的主要内容如下。

对于工艺总方案、生产说明书等文件：

- 产品的特点、结构、精度要求的工艺分析及说明；
- 工艺方案的先进性、经济性、可行性、安全性和可检验性；
- 满足产品设计精度要求和保证生产质量稳定的分析和措施计划；
- 产品的工艺分工和工艺路线的合理性；

- 工艺难点的攻关措施计划；
- 工艺装备选择的正确性、合理性及专用工装系数的确定；
- 工艺文件、要素、装备，术语、符号的标准化程度；
- 材料消耗工艺定额的确定；
- 工艺文件的正确、完整、统一。

对于关键零件、重要部件及关键工序的工艺文件：

- 关键工序明细表及工序控制点设置的正确性与完整性；
- 关键零件、重要部件及关键工序在工艺文件中的标识和具体要求；
- 关键工序的工艺设计、检测方法、攻关项目及措施；
- 关键工序的质量控制方法的正确性；
- 根据积累的资料和数据，对关键工序的评估和试验验证。

对于特种工艺的工艺文件：

- 采用特种工艺的必要性和可行性分析；
- 特种工艺生产说明书的正确性及工艺流程、工艺参数、工艺控制要求的合理性，操作规程的正确性；
- 特种工艺的工艺材料、设备仪器、工作介质、环境条件等质量控制要求和方法；
- 特种工艺试验和检测的项目、要求及方法；
- 特种工艺鉴定、试验的原始记录；
- 特种工艺的技术攻关项目及措施；
- 特种工艺对操作、检验人员的要求及培训考核情况；
- 根据积累的资料和数据，对特种工艺的评估和试验验证。

对于所采用的新技术、新工艺、新材料、新元件、新装备：

- 采用新技术、新工艺的必要性和可行性，新材料的工艺性，新元件、新装备的适用性；新技术、新工艺、新材料、新元件、新装备是否经过鉴定并具有合格的证明文件；
- 采用前要经过检测、试验验证并必须具有原始记录和符合规定要求的说明；
- 采用计划安排与措施；
- 对使用、操作、检验人员的要求及培训考核情况。

③ 工艺质量评审工作由企业主管工艺的负责人全面负责，工艺技术部门具体组织实施。由有关方面的代表 8 ～ 10 人组成工艺质量评审组，评审组组长由工艺设计的批准人或相当级别的技术部门负责人担任。评审组的组成人员应该包括有关技术负责人、同行专家或专业工艺人员、设计单位代表、有生产实践经验的现场人员和有关产品设计、工艺技术、标准化、质量保证等职能部门的代表。

从事本产品工艺设计的人员应参加评审会议，向评审组介绍和说明工艺设计的情况，听取意见，进行答辩。

评审组的职责是：接受评审工作任务，制订并实施评审工作计划；安排评审日程，召开评审工作会议，按工艺质量评审内容的要求进行审查、评议；总结评审中提出的问题和建议，写出评审结论和评审报告。

④ 工艺质量评审工作应该按照下列程序进行：

- 准备工作：申请工艺质量评审的单位应该在系统总结的基础上认真编写“工艺设计工作总结”，其内容要有根据、有分析、有验证。在评审前10天，由工艺项目负责人按照一定格式组织填写并提出《工艺质量评审申请报告》。申请报告经工艺技术负责人批准后，由有关职能部门组织评审组。工艺项目负责人在评审前7天，向评审组提供评审依据和工艺设计的有关资料及文件，评审组成员进行预审，准备评审意见。
- 开评审会议：工艺项目负责人在评审会议上介绍“工艺设计工作总结”，并对有关工艺资料进行说明。评审组成员根据评审依据对工艺设计进行评审。评审会采取汇报、审议、答辩、分析和探讨等形式，找出工艺设计上的缺陷，对存在的工艺问题提出改进建议。为了验证工艺文件的可行性，必要时还要进行工艺试验和首件产品鉴定程序。评审组组长在集中会议意见的基础上，总结评审中提出的主要问题及改进建议，从技术和质量保证的角度对该项工艺的水平做出评价，并提出是否付诸实施的评审结论。指定专人整理、保存会议记录，按照一定格式填写《工艺质量评审报告》。评审组成员对《工艺质量评审报告》的结论有不同意见时，应写在“保留意见”栏内并签字。
- 结论处置：企业工艺技术部门应该认真分析评审会提出的主要问题及改进建议，制订措施完善工艺设计，并按照技术责任制的规定，经工艺技术负责人审批后组织实施。若对评审意见不予采纳，应阐明理由，经工艺技术负责人审批，记录在案。质量保障部门对评审结论和审批后的措施贯彻及其效果进行跟踪监控。
- 文件归档：将工艺质量评审中形成的文件、资料整理成册，按要求的数量复印后，一份归档，一份由工艺技术部门保存。

（5）参加样机试生产。积极参与关键的装配、调试、检验及各项试验工作，做好原始记录和工艺技术服务工作。

（6）参加设计定型会。根据样机试制中出现的各种情况，编写工艺审查报告。参加设计定型会，对样机试生产提出结论性意见。

5. 产品生产性试制阶段的工艺过程

（1）制订产品生产性试制的工艺方案。新产品生产性试制工艺方案，应在总结样机试制工作的基础上，按照正式生产的生产类型要求，提出生产性试制前所需的各项工艺技术准备工作。

新产品生产性试制工艺方案的主要内容是：

- 对设计性试制阶段工艺工作的小结；
- 对自制件和外协件进一步调整的意见；
- 自制件的工艺路线调整意见；
- 工艺关键件的质量攻关措施和工序控制点的设置意见；
- 提出应该设计和编制的全部工艺文件及要求；
- 提出主要金属机械零件毛坯的工艺方法；
- 确定专用工艺装备系数和原则，并提出设计意见；
- 对专用设备、测试仪器的购置或设计意见；
- 确定原材料、元器件清单，进厂验收原则及老化筛选要求；

● 对特殊原材料、元器件、辅料的要求；

● 对工艺、工装的验证要求；

● 对有关工艺关键件的生产周期或生产节拍的安排意见；

● 根据产品的复杂程度和技术要求所需的其他内容。

（2）编制全套工艺文件。工艺文件的编制要符合中华人民共和国电子行业标准的规定：SJ/T 10320—92《工艺文件格式》、SJ/T 10324—92《工艺文件的成套性》。

为了保证产品质量，提高生产效率，改善劳动条件，在这个阶段要设计、生产新产品的全套工装。同时，要设立工序质量控制点，进行工序分析，实行要素管理。

（3）进行工艺标准化审查。工艺标准化审查和编制工艺标准化审查报告，要按照有关规定和要求执行。

（4）组织指导产品试生产。根据工艺文件指导生产，进行工装验证、工艺验证和对生产车间的工艺技术服务。

（5）修改工艺文件、工装。为满足产品正式投产的要求，全套工艺文件和工装要在产品生产性试制阶段通过试生产的考核，对其中不完善的部分进行修改和补充。

（6）编写试制总结，协助组织生产定型会。试制总结应该包括下列内容。

① 生产性试制情况介绍：

● 对产品性能与结构的工艺性分析；

● 工艺文件编制数量；

● 工装完成情况；

● 关键工艺及新工艺试验情况；

● 对进一步提高产品设计工艺性的意见和建议；

● 转入批量生产必须采取的关键措施及方法等。

② 协助企业组织生产定型会，得出结论性意见，将文件归档。

6. 产品批量生产（或质量改进）阶段的工艺过程

（1）完善和补充全套工艺文件。按照完整性、正确性、统一性的要求，完善和补充全套工艺文件。

（2）制订批量生产的工艺方案。批量生产的工艺方案，应该在总结生产性试制阶段情况的基础上，提出批量投产前需要进一步改进、完善工艺、工装和生产组织措施的意见和建议。

批量生产工艺方案的主要内容包括：

① 对生产性试制阶段工艺、工装验证情况的小结；

② 工序控制点设置意见；

③ 工艺文件和工艺装备的进一步修改、完善意见；

④ 专用设备和生产线的设计生产意见；

⑤ 有关新材料、新工艺、新技术的采用意见；

⑥ 对生产节拍的安排和投产方式的建议；

⑦ 装配、调试方案和车间平面布置的调整意见；

⑧ 提出对特殊生产线及工作环境的改造与调整意见。

（3）进行工艺质量评审。在产品批量投产之前，工艺质量评审要围绕批量生产的工序工程能力进行。特别是对于生产批量大的产品，要重点审查生产薄弱环节的工序工程能力。审查的具体内容包括：

① 根据产品的批量进行工序工程能力的分析；

② 对影响设计要求和产品质量稳定性的工序的人员、设备、材料、方法和环境5个因素的控制；

③ 工序控制点保证精度及质量稳定性要求的能力；

④ 关键工序及薄弱环节工序工程能力的测算及验证；

⑤ 工序统计、质量控制方法的有效性和可行性。

（4）组织、指导批量生产。按照生产现场工艺管理的要求，积极采用现代化的、科学的管理方法，组织、指导批量生产。

（5）产品工艺技术总结。产品工艺技术总结应该包括下列内容：

① 生产情况介绍；

② 对产品性能与结构的工艺性分析；

③ 工艺文件成套性审查结论；

④ 产品生产定型会的资料和结论性意见。

5.1.3 电子产品生产中的标准化

1. 标准与标准化

标准是人们从事标准化活动的理论总结，是对标准化本质特征的概括。我国国家标准GB 3935.1—83《标准化基本术语》对标准和标准化做了如下的规定。

（1）标准是衡量事物的准则，是对重复性事物和概念所做的统一规定。它以科学、技术和实践经验的综合成果为基础，经有关方面协商一致，由主管部门批准，以特定形式发布，作为共同遵守的准则和依据。

（2）为适应科学发展和合理组织生产的需要，在产品质量、品种规格、零部件通用等方面规定的统一技术标准，叫做标准化。

（3）标准和标准化二者是密切联系的。进行标准化工作首先必须制定、发布和实施标准，标准是标准化活动的结果，也是进行标准化工作的依据，是标准化工作的具体内容。标准化的效果如何，也只有在标准被贯彻实施之后才能表现出来，它取决于标准本身的质量和被贯彻的状况。所以，标准是标准化活动的核心，而标准化活动则是孕育标准的摇篮。

2. 电子产品生产中的标准化

标准化是组织现代化生产的重要手段，是科学管理的主要组成部分。为达到标准化的目的，电子产品生产中必须使用统一标准的零部件，采用与国际接轨的质量标准。标准化的具体做法归纳起来有以下5种。

（1）简化的方法。简化，是指通过简化品种、规格，包括型号、参数、安装和连接尺寸，易损零部件及试验方法和检测方法等，达到简化设计、简化生产、简化管理，方便使用、提高产品质量、降低成本，实现专业化、自动化生产的目的。

简化是标准化最基本的方法。通过简化，可以提高电子产品、零部件及元器件等的互换性、通用性，促进它们组合化与优化的实现。

（2）互换性的方法。互换性是指产品（包括零件、部件、构件）之间在尺寸、功能上彼此互相替换的性能，产品具有互换性是实现标准化的基础。因此，互换性技术已广泛应用于现代工业生产的各个领域，制定互换性标准已成为标准化工作的一个重要方面。

（3）通用化的方法。通用化是指在互换性的基础上，最大限度地扩大同一产品（包括零件、部件、构件）使用范围的一种标准化形式。已有产品的零件、部件、构件在尺寸和性能互换的基础上，用到同系列产品中，就可扩大它们的使用范围，使之具有重复使用的特性。

（4）组合的方法。组合是指用组件组成一个产品；而组合化是指对许多产品用组件组合成产品的方法。它是组合已有产品、创造新产品的过程，可以先设计、制造各种组件，然后将组件组装成产品。组合是标准化的具体应用；只有标准化的产品才能进行组合。

（5）优选的方法。产品的优选，是指经过对现有同类产品的分析、比较，从多种可行性方案中选取具有最佳功能产品的过程，也称优化过程。在标准化的活动中，自始至终都贯穿着优化的思想。

目前，随着科学技术的进步和生产的不断发展，标准化的作用被越来越多的人所认识。其应用领域也越来越广，标准已发展成为种类繁多的复杂体系。根据标准的适用方法，在国际上有国际性标准和区域性标准之分。在我国，按照标准发生作用的范围或标准的审批权限，标准可分为国家标准、专业标准（部标准）、地方标准和企业标准。此外，还可按标准的约束性分为强制性标准与推荐性标准。

3. 管理标准

管理标准是运用标准化的方法，对企业中具有科学依据而经实践证明行之有效的各种管理内容、管理流程、管理责权、管理办法和管理凭证等所制定的标准。

（1）经营管理标准。它主要是指对企业经营方针、经营决策及各项经营管理制度等高层决策性管理所制定的标准。

（2）技术管理标准。它是指对企业的全部技术活动所制定的各项管理标准的总称。它包括产品开发与管理制度、产品设计管理、产品质量控制管理等。

（3）生产管理标准。它主要对生产过程、生产能力，以及整个生产中各种物资的消耗等制定的管理标准。它包括生产过程管理标准、生产能力管理标准、物量标准和物资消耗标准。

（4）质量管理标准。它是对控制产品质量的各种技术等所制定的标准，是企业标准化管理的重要组成部分，是产品预期性能的保证。

（5）设备管理标准。它是指为保证设备正常生产能力和精度所制定的标准。

此外，管理标准还包括劳动管理标准、物资管理标准、销售管理标准等。

5.2　电子产品生产工艺的管理

在国家电子工业工艺标准化技术委员会发布的《电子工业工艺管理导则》中，规定了企业工艺管理的基本任务、工艺工作内容、工艺管理组织机构和各有关部门的工艺管理职能等。它的主要内容如下。

1. 工艺管理的基本任务

（1）工艺管理工作贯穿于生产的全过程，是保证产品质量、提高生产效率、安全生产、降低消耗、增加效益、发展企业的重要手段。为了稳定提高产品质量、增加应变能力、促进科技进步，企业必须加强工艺管理，提高工艺管理的水平。

（2）工艺管理的基本任务是在一定的生产条件下，应用现代科学理论和手段，对各项工艺工作进行计划、组织、协调和控制，使之按照一定的原则、程序和方法，有效地进行工作。

2. 工艺管理人员的主要工作内容

（1）编制工艺发展计划。

① 为了提高企业的工艺水平，适应产品发展的需要，各企业应根据全局发展规划、中远期和近期目标，按照先进与适用相结合、技术与经济相结合的方针，编制工艺发展规划，并制订相应的实施计划和配套措施。

② 工艺发展计划包括工艺技术措施规划（如新工艺、新材料、新装备和新技术攻关规划等）和工艺组织措施规划（如工艺路线调整、工艺技术改造规划等）。

③ 工艺发展规划应在企业总工程师（或技术副厂长）的主持下，以工艺部门为主进行编制，并经厂长批准实施。

（2）工艺技术的研究与开发。工艺技术研究与开发的基本要求如下：

① 工艺技术的研究与开发是提高企业工艺水平的主要途径，是加速新产品开发、稳定提高产品质量、降低消耗、增加效益的基础。各企业都应该重视技术进步，积极开展工艺技术的研究与开发，推广新技术、新工艺。

② 为搞好工艺技术的研究与开发，企业应为工艺技术部门配备相应的技术力量，提供必要的经费和试验研究条件。

③ 企业在进行工艺技术的研究与开发工作时，应认真学习和借鉴国内外的先进科学技术，积极与高等院校和科研单位合作，并根据本企业的实际情况，积极采用和推广已有的、成熟的研究成果。

（3）产品生产的工艺准备。产品生产的工艺准备的主要内容包括：

① 新产品开发和老产品改进的工艺调研和考察；

② 产品设计的工艺性审查；

③ 工艺方案设计；

④ 设计和编制成套工艺文件；

⑤ 工艺文件的标准化审查；

⑥ 工艺装备的设计与管理；

⑦ 编制工艺定额；

⑧ 进行工艺质量评审；

⑨ 进行工艺验证；

⑩ 进行工艺总结和工艺整顿。

（4）生产现场工艺管理。生产现场工艺管理的基本任务、要求和主要内容包括：

① 生产现场工艺管理的基本任务包括确保安全、文明生产，保证产品质量，提高劳动生产率，节约材料、工时和能源消耗，改善劳动条件。

② 制订工序质量控制措施。

③ 进行定置管理。

（5）工艺纪律管理。工艺纪律管理的基本要求是：严格工艺纪律是加强工艺管理的主要内容，是建立企业正常生产秩序的保证。企业各级领导及有关人员都应严格遵守工艺纪律，并对职责范围内工艺纪律的执行情况进行检查和监督。

（6）开展工艺情报工作。工艺情报工作的主要内容包括：

① 掌握国内外新技术、新工艺、新材料、新装备的研究与使用情况；

② 从各种渠道收集有关的新工艺标准、图纸手册及先进的工艺规程、研究报告、成果论文和资料信息，进行加工、管理，开展信息服务。

（7）开展工艺标准化工作。工艺标准化的主要工作范围包括：

① 制定推广工艺基础标准（术语、符号、代号、分类、编码及工艺文件的标准）；

② 制定推广工艺技术标准（材料、技术要素、参数、方法、质量控制与检验和工艺装备的技术标准）；

③ 制定推广工艺管理标准（生产准备、生产现场、生产安全、工艺文件、工艺装备和工艺定额）。

（8）开展工艺成果的申报、评定和奖励。工艺成果是科学技术成果的重要组成部分，应该按照一定的条件和程序进行申报，经过评定审查，对在实际工作中做出创造性贡献的人员给予奖励。

（9）其他工艺管理措施。

① 制定各种工艺管理制度并组织实施。

② 开展企业全体员工参加的合理化建议与技术改进活动，进行新工艺和新技术的推广工作。

③ 有计划地对工艺人员、技术工人进行培训和教育，为他们的知识更新、技术水平和技能的提高，提供必要的条件。

3. 工艺管理的组织机构

（1）企业必须建立权威性的工艺管理部门和健全、统一、有效的工艺管理体系。

（2）本着有利于提高产品质量及工艺水平的原则，结合企业的规模和生产类型，为工艺管理机构配备相应素质和数量的工艺技术人员。

4. 企业各有关部门的主要工艺职能

工艺管理是一项综合管理，在厂长和总工程师的直接领导下，各部门应该行使并完成各自的工艺职能。

（1）设计部门应该保证产品设计的工艺性。

（2）设备部门应该保证工艺设备经常处于完好状态。

（3）能源部门应该保证按工艺要求及时提供生产需要的各种能源。

(4）工具部门应该按照工艺要求提供生产需要的合格的工艺装备。

(5）物资供应和采购部门应该按照工艺要求提供各种合格的材料、外购件和产品（部件、配件或整件）。

(6）生产计划部门应该按照工艺要求均衡地安排生产。

(7）检验和理化分析部门应该按照工艺要求对生产过程中的产品质量进行检验和分析，并及时反馈有关质量信息，检验部门还应负责生产现场的工艺纪律监督。

(8）计量和仪表部门应该按照工艺文件要求负责计量器具和检测仪表的配置，并保证量值准确。

(9）质量管理部门应该负责对企业有关部门工艺职能的执行情况进行监督和考核，并与工艺部门和生产车间一起，共同搞好工序质量控制。

(10）基本建设部门应该按照工艺方案要求，负责厂房、车间的设计，设备部门应负责设备的布置与安装。

(11）安全技术和环保部门应该负责工艺安全、工业卫生和环境保护措施的落实及监督。

(12）情报和标准化部门应该根据生产工艺，及时提供国内外的工艺管理、工艺技术情报和标准，编辑有关工艺资料，制定或修订企业工艺标准，并负责宣传、贯彻。

(13）劳资部门应该按照生产需要配备各类生产人员，保证实现定人、定机、定工种。

(14）财务和审计部门应该负责做好技术经济分析、技术改造和技术开发费用的落实、审计与管理工作。

(15）教育部门应该负责做好专业技术培训和工艺纪律教育工作。

(16）行政部门应该了解生产第一线员工的思想状况，保证各项任务的正常进行。

(17）生产车间必须按照产品图纸、工艺文件和有关标准进行生产，做好定置管理和工序质量控制工作，严格执行现场工艺纪律。

※5.3 ISO 9000质量管理和质量标准

5.3.1 ISO的含义及ISO的主要职责

1. ISO的含义

ISO（International Standardization Organization）是一个国际标准化组织，该组织成立于1947年2月，其成员来自世界上10多个国家的国家标准化团体，代表中国参加ISO的国家机构是中国国家技术监督局（CSBTS）。

2. ISO的主要职责

ISO负责制定除电工产品以外的国际标准，目前已经制定了一万多项国际技术和管理标准。

ISO与450个国际和区域的组织在标准化方面有联系，特别是与国际电工委员会IEC、国际电信联盟ITU等有密切联系。ISO组织机构是在联合国控制下的非政府机构。

5.3.2 ISO 9000 质量标准的组成

1. ISO 9000 质量标准的组成含义

全球贸易竞争的加剧，使用户对产品质量提出了越来越严格的要求。许多国家都根据本国经济发展的需要，制定了各种质量保证制度，但由于各国的经济制度不一，所采用的质量术语和概念也不相同，各种质量保证制度很难被互相认可或采用，影响了国际贸易的发展。

国际标准化组织 ISO 为满足国际经济交往中质量保证的客观需要，在总结各国质量保证制度经验的基础上，经过十几年的努力，于 1987 年 3 月首次发布了 ISO 9000 质量管理和质量保证标准系列。

ISO 9000 是一个获得广泛接受和认可的质量管理标准。它提供了一个对企业进行评价的方法，分别对企业的诚实度、质量、工作效率和市场竞争力进行评价。ISO 9000 质量管理和质量保证系列由以下 5 个标准组成：

（1）ISO 9000—1987《质量管理和质量保证标准——选择和使用指南》。

（2）ISO 9001—1987《质量体系——设计/开发、生产、安装和服务的质量保证模式》。

（3）ISO 9002—1987《质量体系——生产和安装的质量保证模式》。

（4）ISO 9003—1987《质量体系——最终检验和试验的质量保证模式》。

（5）ISO 9004—1987《质量管理和质量体系要素——指南》。

其中，ISO 9000 为该标准的选择和使用提供了原则指导，它阐述了应用本标准系列时必须共同采用的术语、质量工作目的、质量体系类别、质量体系环境、运用本标准系列的程序和步骤等。ISO 9001、ISO 9002 和 ISO 9003 是一组三项质量保证模式，它是在合同环境下，供、需双方通用的外部质量保证要求文件。ISO 9004 是指导企业内部建立质量体系的文件，它阐述了质量体系的原则、结构和要素。

2. 使用 ISO 9000 质量标准的益处

ISO 9000 标准系列具有科学性、系统性、实践性和指导性的特点，一经问世，就受到许多国家和地区的关注。ISO 9000 系列最初阶段有成员国 56 个，到目前为止，已经有 150 多个国家和地区采用了这套标准系列或等同的标准系列，并广泛用于工业、经济和政府的管理领域。与此同时，有 50 多个国家同时建立了质量体系认证制度，世界各国质量管理体系审核员注册的互认和质量体系认证互认制度也在广泛范围内得以建立和实施。

使用 ISO 9000 质量标准的益处主要有以下几个方面。

（1）ISO 9000 标准是系统性的标准，涉及的范围、内容广泛，且强调对各部门的职责权限进行明确划分、计划和协调，使企业能有效地、有序地开展各项活动，保证工作顺利进行。

（2）ISO 9000 标准强调管理层的介入，明确制定质量方针及目标，并通过定期的管理评审达到了解公司的内部体系运作情况，及时采取措施，确保体系处于良好的运作状态。

（3）ISO 9000 标准强调纠正及预防措施，消除产生不合格或不合格的潜在原因，防止不合格产品的再发生，从而降低成本。

（4）ISO 9000 标准强调不断地审核及监督，达到对企业的管理和运作不断地修正及改良的目的。

（5）ISO 9000 标准强调全体员工的参与及培训，确保员工的素质满足工作的要求，并使每一个员工有较强的质量意识。

（6）ISO 9000 标准强调文化管理，以保证管理系统运行的正规性、连续性。如果企业有效地执行这一管理标准，就能提高产品（或服务）的质量，降低生产（或服务）成本，建立客户对企业的信心，提高经济效益，最终大大提高企业在市场上的竞争力。

5.3.3 建立和实施质量管理体系的目的和意义

1. 建立和实施 ISO 9000 质量管理体系的目的和意义

ISO 9000 质量管理体系是全球公认的系统化和程序化的国际标准管理模式，建立并实施 ISO 9000 质量管理体系的目的，就是要用 ISO 9000 国际标准来规范我国的管理和服务行为，提高管理效能，加速与国际惯例接轨，促进我国电子工业的快速发展。建立并实施 ISO 9000 质量管理体系有以下几个方面的意义。

（1）有利于投资环境的进一步改善，提升环境质量。实施 ISO 9000 标准有利于创新观念、创新体制、创新管理、创新服务，有利于我国在经济、管理等多方面与国际管理接轨，提高我国在国际上的综合竞争能力。

（2）有利于统一和规范服务与管理行为，提高综合服务管理水平。引入 ISO 9000 标准，能有效地将服务与管理规范化、标准化，充分体现工作的职责要求，进而更为有效地进行监督检查，简化工作程序，提高工作效率，提升服务水平。

（3）有利于完善行政管理机制，提高部门之间工作的协调性。ISO 9000 标准的实施将管理部门的职责与权限进行明确、清晰地界定，并在部门之间和跨部门的工作上设置明显的操作性强的接口，使各项工作开展起来责权明晰、步骤顺畅，有效防止推诿扯皮等旧机关作风。

（4）有利于实事求是地对部门、个人的业绩进行考核。ISO 9000 标准将建立起完整的、可回溯的、可跟踪的质量管理记录，并对顾客（服务对象）的满意度做出准确的评价，真实反映部门、个人的工作业绩，在此基础上对单位、个人做出准确、客观、公正的评判。

2. GB/T 19000 质量标准的组成

由于我国市场经济的迅速发展和国际贸易的增加，以及关贸总协议的加入，我国经济已全面置身于国际市场大环境中，质量管理同国际惯例接轨已成为发展经济的重要内容。为此，国家技术监督局 1992 年 10 月发布文件，决定采用 ISO 9000，颁布了 GB/T 19000 质量管理和质量保证标准系列。该标准系列由 5 项标准组成：

（1）GB/T 19000 质量管理和质量保证标准——选择和使用指南；与 ISO 9000 对应。

（2）GB/T 19001 质量体系——设计/开发、生产、安装和服务的质量保证模式；与 ISO 9001 对应。

（3）GB/T 19002 质量体系——生产和安装的质量保证模式；与 ISO 9002 对应。

（4）GB/T 19003 质量体系——最终检验和试验的质量保证模式；与 ISO 9003 对应。

(5) GB/T 19004 质量管理和质量体系要素——指南；与 ISO 9004 对应。

这5项标准，适用于产品开发、制造和使用单位，对各行业都有指导作用。所以，大力推行 GB/T 19000 标准系列，积极开展认证工作，提高企业管理水平，增强产品竞争能力，打破技术贸易壁垒，使我国电子工业与国际接轨，跻身于国际市场，都具有十分重要的意义，也是我国企业最主要的中心工作。

3. 实施 GB/T 19000 质量标准的意义

我国实施 GB/T 19000 族标准，可以促进组织质量管理体系向国际标准靠拢，对参与国际经济活动、消除贸易技术壁垒、提高组织的管理水平起到良好的作用。概括起来，有以下几方面的主要作用和意义。

(1) 有利于提高质量管理水平。

(2) 有利于质量管理与国际规范接轨，提高我国的企业管理水平和产品竞争力。

(3) 有利于产品质量的提高。

(4) 有利于保证消费者的合法权益。

※5.4 ISO 14000 系列环境标准

5.4.1 ISO 14000 标准

1. ISO 14000 标准的内容

ISO 14000 认证系列标准是一个系列的环境管理体系标准，是由 ISO/TC 207（国际环境管理技术委员会）负责制定的一个国际通行的环境管理体系标准。它包括环境管理体系、环境审核、环境标志、生命周期分析等国际环境管理领域内的许多焦点问题。其目的是指导各类组织（企业、公司）取得正确的环境行为。但不包括制定污染物试验方法标准、污染物及污水极限值标准及产品标准等。该标准不仅适用于制造业和加工业，而且适用于建筑、运输、废弃物管理、维修及咨询等服务业。该标准共预留 100 个标准号，该系列标准共分 7 个系列，其编号为 ISO 14001 ～ 14100。内容如表 5.1 所示。

表 5.1 ISO 14000 系列标准

系　列	标　准　号	标准内容
SC1	14001～14009	环境管理体系标准（EMS）
SC2	14010～14019	环境审核标准（EA）
SC3	14020～14029	环境标志标准（EL）
SC4	14030～14039	环境行为评价标准（EPE）
SC5	14040～14049	生命周期评估标准（LCA）
SC6	14050～14059	术语与意义
WG1	14060	产品标准中的环境指标（EPAS）
	14061～14100	备用

2. ISO 14000 标准的目标与特点

ISO 14000 标准的目标是通过建立符合各国的环境保护法律、法规要求的国际标准，在全球范围内推广 ISO 14000 系列标准，达到改善全球环境质量、促进世界贸易、消除贸易壁垒的最终目标。

ISO 14000 系列标准是为促进全球环境质量的改善而制定的。它是通过一套环境管理的框架文件来加强组织（公司、企业）的环境意识、管理能力和保障措施，从而达到改善环境质量的目的。它目前是组织（公司、企业）自愿采用的标准，是组织（公司、企业）的自觉行为。在我国是采取第三方独立认证来验证组织（公司、企业）对环境因素的管理是否达到改善环境绩效的目的，满足相关要求的同时，满足社会对环境保护的要求。

5.4.2 ISO 14000 认证流程

1. 初次认证

（1）企业将填写好的《ISO 14000 认证申请表》连同认证要求中有关材料报给认证中心。认证中心收到申请认证材料后，会对文件进行初审，符合要求后发放《受理通知书》（这意味着如果材料提交不全，就取得不了受理的资格，更谈不上签合同缴费了。这一点申请认证的企业和认证咨询辅导机构的工作人员必须给予足够重视，以免因此影响进度），申请认证的企业根据《受理通知书》来与中心签订认证合同。

（2）认证中心收到企业的全额认证费后，向企业发出组成现场检查组的通知，并在现场检查一周前将检查组组成和检查计划正式报企业确认。

（3）现场检查按环境标志中产品保障措施指南的要求和相对应的环境标志产品认证技术要求进行，对需要进行检验的产品，由检查组负责对申请认证的产品进行抽样并封样，送指定的检验机构检验。

（4）检查组根据企业申请材料、现场检查情况、产品环境行为检验报告撰写环境标志产品综合评价报告，提交技术委员会审查。

（5）认证中心收到技术委员会审查意见后，汇总审查意见，报认证中心总经理批准。

（6）认证中心向认证合格企业颁发环境标志认证证书，组织公告和宣传。

（7）获证企业如需标识，可向认证中心订购；如有特殊印制要求，应向认证中心提出申请并备案。

（8）年度监督审核每年一次。

2. 年度监督检查

（1）认证中心根据企业认证证书发放时间，制订年检计划，提前向企业下发年检通知。企业按合同要求缴纳年度监督管理费，认证中心组成检查组，到企业进行现场检查工作。

（2）现场检查时，对需要进行检验的产品，由检查组负责对申请认证的产品进行抽样并封样，送指定的检验机构检验。

（3）检查组根据企业材料、检查报告、产品检验报告撰写综合评价报告，报认证中心总经理批准。

（4）年度监督检查每年一次。

3. 复评认证

三年到期的企业，应重新填写《ISO 14000 认证申请表》，连同有关材料报认证中心。其余认证程序同初次认证。

5.4.3 实施 ISO 14000 标准的意义

1. 有利于提高企业在国际市场上的竞争力

随着世界绿色浪潮的兴起，人们的环保意识开始觉醒，不少国家在制定对外贸易政策时也相应地制定了一些环境标准。目前，世界各国贸易战中，利用环境保护标准构建“绿色贸易壁垒”的情况时有发生。我国每年都因不符合某些发达国家的环境法规及相应环境标准要求而蒙受巨大的损失。

ISO 14000 系列标准对全世界各国改善环境行为具有统一标准功能，对消除绿色贸易壁垒具有重要的作用，因此，许多人称 ISO 14000 系列标准是国际绿色通行证。

2. 有利于提高企业环境管理水平和改善企业形象，提高企业知名度

ISO 14000 系列标准规定了一整套指导企业建立和完善环境管理体系的准则，为现代化企业管理提供了科学的方法和模式。ISO 14000 标准的申请、建立、实施与认证，建立在自愿的基础上，但它有严格的程序。取得 ISO 14000 标准的认证，意味着企业环境管理水平达到国际标准，等于拿到了通向国际市场的通行证，在提高企业的社会形象和知名度的同时，也消除了企业与社会在环境问题上的矛盾，大大提高了企业的经济效益。

3. 有助于推行清洁生产，实现污染预防

环境管理体系特别强调污染预防，明确规定了企业环境方针中必须对污染预防作出承诺，在环境因素的识别与评价中，要全面识别企业的活动、产品和服务中的环境因素。要考虑到三种状态（正常、异常、紧急）、三种时态（过去、现在、将来）下可能产生的环境影响，要求分别对向大气、水体排放的污染物、噪声影响及固体废物的处理等逐项进行调查分析，针对存在的问题从管理上或技术上加以解决，使之纳入体系的管理，从而实现从源头治理污染，实现清洁生产。

4. 有利于企业降低成本与能耗

ISO 14000 标准要求企业在生产全过程中，从设计、生产到服务，考虑污染物的产生、排放对环境的影响，资源材料的节约及回收，从而有效利用原材料，回收可用废旧物，减少因排污造成的赔罚款及排污费，从而降低生产成本和能耗。英国通过 ISO 14001 标准认证的企业中有 90% 的企业通过节约能耗、回收利用、强化管理，所得的经济效益超过了认证成本。

5. 减少污染排放，降低环境事故风险，避免由环境问题产生的民事、刑事责任

环境管理体系通过多个环节减少污染排放。许多企业通过材料替代、产品改进设计、工艺流程调整及管理减少了污染排放，或通过治理实现达标排放，这不仅保护了环境，而且还减少了许多环境事故风险及由环境问题产生的民事、刑事责任。环境管理体系还要求具有应急准备与反应能力，一旦发生紧急情况，可预防和减少污染对环境的影响。

任务与实施

1. 任务

（1）生产任务。金属探测器的实物如图 5.2 所示。

图 5.2　金属探测器实物

（2）金属探测器的工作原理。金属探测器主要由高频振荡器、振荡检测器和音频振荡器组成，其原理图如图 5.3 所示。

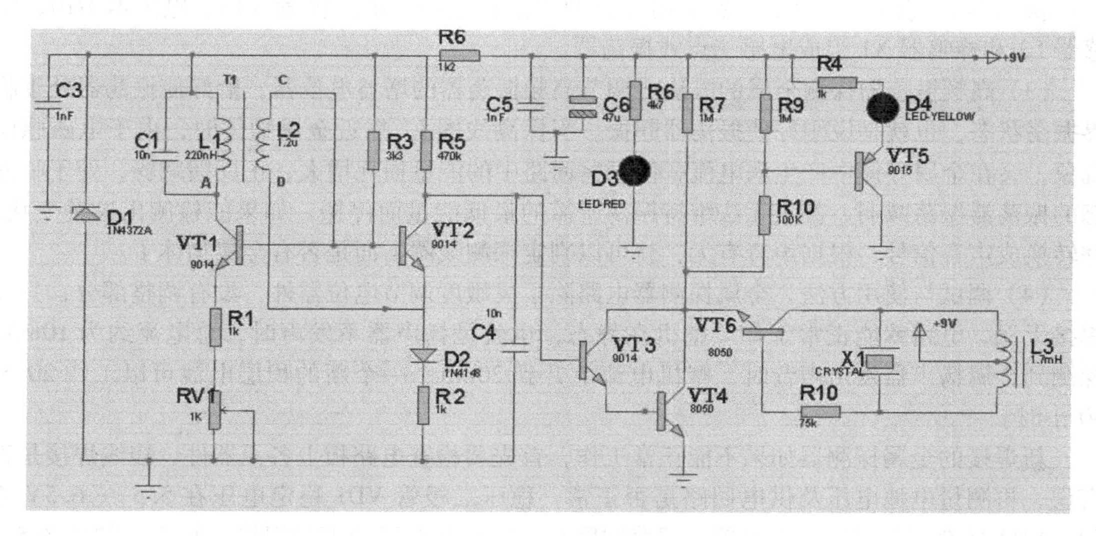

图 5.3　金属探测器原理图

① 高频振荡器。高频振荡器由三极管 VT1 和高频变压器 T1 等组成，是一种变压器反馈型 LC 振荡器。T1 的初级线圈 L1 和电容器 C1 组成 LC 并联振荡回路，其振荡频率约为 40kHz，由 L1 的电感量和 C1 的电容量决定。T1 的次级线圈 L2 作为振荡器的反馈线圈，其“C”端接振荡管 VT1 的基极，“D”端接 VD2。由于 VD2 处于正向导通状态，对高频信号来说，“D”端可视为接地。在高频变压器 T1 中，如果“A”和“D”端分别为初、次级线圈绕线方向的首端，则从“C”端输入到振荡管 VT1 基极的反馈信号，能够使电路形成正反馈而产生自激高频振荡。振荡器反馈电压的大小与线圈 L1、L2 的匝数比有关，匝数比过小，由于反馈太弱，不容易起振；匝数比过大，会引起振荡波形失真，还会使金属探测器灵敏度大大降低。振荡管 VT1 的偏置电路由 R3 和二极管 VD2 组成，R2 为 VD2 的限流电阻。由于二极管正向阈值电压恒定（约 0.7V），通过次级线圈 L2 加到 VT1 的基极，以得到稳定的偏置电压。显然，这种稳压式的偏置电路能够大大增强 VT1 高频振荡器的稳定性。为了进一步提高金属探测器的可靠性和灵敏度，高频振荡器通过稳压电路供电，其电路由稳压二极管 VD1、限流电阻器 R6 和去耦电容器 C5 组成。振荡管 VT1 发射极与地之间接有电位器，具有发射极电流负反馈作用，其电阻值越大，负反馈作用越强，VT1 的放大能力也就越低，甚至于使电路停振。RV1 为振动器增益的可调电位器。

② 振荡检测器。振荡检测器由三极管开关电路和滤波电路组成。开关电路由三极管 VT2、二极管 VD2 等组成，滤波电路由滤波电阻器 R5、滤波电容器 C4 组成。在开关电路中，VT2 的基极与次级线圈 L2 的“C”端相连，当高频振荡器工作时，经高频变压器 T1 耦合过来的振荡信号，正半周使 VT2 导通，VT2 集电极输出负脉冲信号，经过 RC 滤波器，在负载电阻器 R5 上输出低电平信号。当高频振荡器停振时，“C”端无振荡信号，又由于二极管 VD2 接在 VT2 发射极与地之间，VT2 基极被反向偏置，使 VT2 处于可靠的截止状态，VT2 集电极为高电平，经过滤波器，在 R4 上得到高电平信号。由此可见，当高频振荡器正常工作时，在 R4 上得到低电平信号，停振时，为高电平，由此完成了对振荡器工作状态的检测。

③ 音频振荡器。音频振荡器采用互补型多谐振荡器，由三极管 VT6、电阻器 R10、电感器 L3 和蜂鸣器 X1 组成电感三点式振荡器。

（3）高频振荡器探测金属的方法。调节高频振荡器的增益电位器，恰好使振荡器处于临界振荡状态，也就是说刚好使振荡器起振。当探测线圈 L1 靠近金属物体时，由于电磁感应现象，会在金属导体中产生涡电流，使振荡回路中的能量损耗增大，正反馈减弱，处于临界态的振荡器振荡减弱，甚至无法维持振荡所需的最低能量而停振。如果能检测出这种变化，并转换成声音信号，根据声音有无，就可以判定探测线圈下面是否有金属物体了。

（4）调试与使用方法。金属探测器电路除了灵敏度调节电位器外，没有调整部分，只要焊接无误，电路就能正常工作。整机在静态，也就是扬声器不发声时，总电流约为 10mA，探测到金属扬声器发出声音时，整机电流上升到 20mA。一个新的积层电池可以工作 20 ～ 30 小时。

新焊接的金属探测器如果不能正常工作，首先要检查电路板上各元器件、接线焊接是否有误，再测量电池电压及供电回路是否正常，稳压二极管 VD1 稳定电压在 5.5 ～ 6.5V 之间，VD2 极性不要焊反。探测器内振荡线圈初、次级及首尾端不要焊错。其安装图如图 5.4 所示。

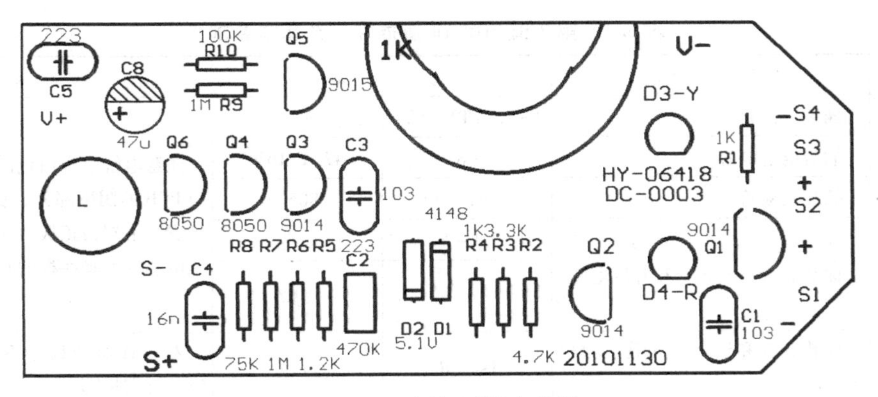

图 5.4　金属探测器安装图

2. 任务实施器材

(1) 金属探测器套件。

(2) 焊锡、松香、无水酒精。

(3) 电烙铁、螺丝刀、尖嘴钳、斜口钳、剪刀、镊子、烙铁架。

(4) 万用表等测试仪器。

(5) 计算机、打印机等。

3. 任务实施过程

(1) 提供基本工艺要求，如表 5.2 ～表 5.5 所示。

表 5.2　第 1 道到第 3 道插件工艺基本要求

工　　号	工 序 名 称	代　　号	型号与规格	注　　意
1	插装电阻	R10	100kΩ	水平安装的电阻的第一道色环在左，垂直安装的第一道色环在左上，二极管安装标注方向
		R9，R7	1MΩ	
2	插装电阻	R8	75kΩ	
		R6	1.2kΩ	
	插装稳压管	VD2	5.1V	
3	插装电阻	R5	470kΩ	
		R3	3.3kΩ	
	插装二极管	VD1	1N4148	

表 5.3　第 4 道到第 6 道插件工艺基本要求

工　　号	工 序 名 称	代　　号	型号与规格	注　　意
4	插装电阻	R4，R1	1kΩ	水平安装的电阻的第一道色环在左，垂直安装的第一道色环在左上；三极管注意方向。瓷片和涤纶电容的有字面超右下面
		R2	4.7kΩ	
5	插装瓷片电容	C5，C2	223	
	插装涤纶电容	C4	153	
6	插装涤纶电容	C3，C1	103	
	插装三极管	VT5	9015	

表 5.4　第 7 道到第 10 道插件工艺基本要求

工　　号	工序名称	代　　号	型号与规格	注　　意
7	插装三极管	VT3，VT2，VT1	9014	注意电解电容白色的为负极，对应 PCB 的阴影部分。发光管对着板子看，上端为正极，对应长脚。升压电感的长脚在板的右侧
8	插装电解电容	C8	47μF/16V	
	插装三极管	VT6，VT4	8050	
9	插装套管、发光管和升压电感	D3 – Y	黄色	
		L	3 脚	
10	插装套管和红色发光管，剪短电容脚	D4 – R	红色	发光管对着板子看，上端为正极，对应长脚
	浸焊		先浸助焊剂	

表 5.5　第 11 道到第 13 道插件工艺基本要求

工　　号	工序名称	代　　号	型号与规格	注　　意
11	焊电位器	W	1k	线圈引脚所有引出线都需要点胶
12	焊线圈	—	—	
	焊电源	—	—	
13	点胶	—	—	
	包装	—	—	

（2）分成若干小组查阅资料，了解产品的工作原理及元器件的特性。
（3）分小组编制生产工艺文件。
（4）选举组长，按小组领料。
（5）在实训室流水线分组实施。
（6）在规定的时间内检测产品生产数量、质量情况。
（7）讨论生产过程成套工艺组织生产的重要性，以及整个团队的协作精神。
（8）对生产结果进行记录，由组长撰写生产工作总结报告。

4. 评分标准

项目内容		分　　值	评分标准	
分组查询讨论		10 分	原理图分析：	工艺步骤分析：

续表

项目内容		分　值	评分标准
编写工艺		30 分	工艺编写说明
分组领料		5 分	生产前的准备情况
生产工序		30 分	按小组讨论编写的生产工艺分工组织生产，执行情况
产品测试		5 分	对小组生产的产品进行质量检查
其他	编写使用说明书 提交产品生产过程的总结报告	10 分	
学习态度、协作精神和职业道德		5 分	
安全文明生产		5 分	违反安全文明操作规程，扣 5～10 分
定额时间		4 小时，训练不允许超时，每超时 5 分钟扣 5 分	
备注	分值和评分标准可根据实际情况进行设置与修改		成绩：

作业

1. 电子产品生产过程分为几个阶段？各阶段完成的主要工作是什么？
2. 产品预研究阶段要做哪些工艺工作？
3. 产品设计性阶段要做哪些工艺工作？
4. 产品设计工艺审查的基本要求有哪些？
5. 什么是标准化？标准和标准化之间有何关系？
6. 电子产品生产制作中，标准化的具体做法有哪些？
7. 为什么要进行工艺质量评审？工艺质量评审的主要内容有哪些？
8. 如何进行产品批量生产（或质量改进）阶段的工艺工作？
9. 工艺管理的基本任务有哪些？
10. 工艺管理的内容有哪些？
11. 什么是 ISO 9000？它由哪几部分构成？各部分有何作用？
12. 建立和实施 ISO 9000 质量管理体系有何意义？
13. 什么是 GB/T 19000？它与 ISO 9000 有何关系？

附录 A SMT 常用术语中英对照

锡球：SOLDER BALL
锡桥：SOLDER BRIDGE
焊锡面：SOLDER SIDE
底材：SUBSTRATE
裂痕：CREAK
皱褶：CREASE
除污：DESMEAR
缩锡：DEWETTING
破洞：HOLE VOID
破孔：HOLE BREAKOUT
修理：TOUCH UP
线路：TRACE
印章错误：WRONG STAMPS
缺件：MISSING PARTS
脚未弯：PIN NOT BENT
序号错：WRONG S/N
错件：WRONG PARTS
缺盖章：MISSING STAMP
断路：OPEN
尺寸错误：DIMENSION WRONG
包装错误：WRONG PACKING
立碑：TOMBSTONE
多件：EXCESSIVE PARTS
缺标签：MISSING LABEL
二极体坏：DIODE NG
短路：SHORT
缺序号：MISSING S/N
电晶体坏：TRANSISTOR NG
线短：WIRE SHORT
标签错：WRONG LABEL
管装错误：TUBES WRONG
线长：WIRE LONG
标识错：WRONG MARK
阻值错误：IMPEDANCE WRONG

拐线：WIRE POOR DDRESS
脚太短：PIN SHORT
版本错误：REV WRONG
冷焊：COLD SOLDER
电测不良：TEST FAILURE
金手指沾锡：SOLDER ON GOLDEN FINGERS
包焊：EXCESS SOLDER
锡凹陷：SOLDER SCOOPED
版本未标：NON REV LEBEL
空焊：MISSING SOLDER
线序错：W/L OF WIRE
包装损坏：PACKING DAMAGED
锡尖：SOLDER ICICLE
未测试：NO TEST
印章模糊：STAMPS DEFECTIVE
锡渣：SOLDER SPLASH
VR 变形：VR DEFORMED
标签歪斜：LABEL TILT
锡裂：SODER CRACK
PCB 翘皮：PCB PEELING
外箱损坏：CARTON DAMAGED
锡洞：PIN HOLE
PCB 弯曲：PCB TWIST
点胶不良：POOR GLUE
零件沾胶：GLUE ON PARTS
IC 座氧化：SOCKET RUST
脚未剪：PIN NO CUT
零件脚长：PARTS PIN LONG
缺 UL 标签：MISSING UL LABEL
线材安装不良：WIRE UNSEATED
滑牙：SCREW LOOSE
浮件：PARTS LIFT
线材不良：WIRE FAILURE
氧化：RUST
零件歪斜：PARTS TILT
零件脚损坏：PIN DAMAGED
零件相触 ：PARTS TOUCH
脚未出：PIN UNVISIBLE
零件偏移：PARTS SHIFT

溢胶：EXCESSIVE GLUE
零件变形：PARTS DEFORMED
包装文件错：RACKING DOC WRONG
零件损坏：PARTS DAMAGED
锡不足：SOLDER INSUFFICIENT
垫片安装不良：WASHER UNSEATED
零件未定位：PARTS UNSEATED
极性反：WRONG POLARITY
零件多装：PARTS EXCESS
金手指沾胶：GLUE ON GOLDEN FINGERS
脚未入：PIN UNSEATED
零件沾锡：SOLDER ON PARTS
歪斜：SKEWING
焊料上吸：WICKING
桥连：BRIDGING
空洞：VOIDING
飞溅：SPATTERING
焊点高度不均：UNEVEN JOINT HEIGHT

参考文献

[1] 于淑萍．电子工程制图．北京：电子工业出版社，2009.
[2] 李敏．电子技能与训练．北京：电子工业出版社，2007.
[3] 王卫平等．电子产品制造技术．北京：清华大学出版社，2005.
[4] 吴劲松等．电子产品工艺实训．北京：电子工业出版社，2009.
[5] 刘建华，伍尚勤等．电子工艺技术．北京：科学出版社，2009.
[6] 孙余凯，郭大民等．电子产品制作．北京：人民邮电出版社，2010.
[7] 朱晓慧．电工电子产品制作与调试．北京：高等教育出版社，2009.
[8] 杜中一，张欣等．电子制造与封装．北京：电子工业出版社，2010.
[9] 刘晓利，谭华等．电子产品装接工艺．北京：电子工业出版社，2010.
[10] 王成安．电子产品生产工艺实例教程．北京：人民邮电出版社，2009.
[11] 蔡杏山．电子元器件知识与实践课堂，北京：电子工业出版社，2009.
[12] 冯存喜，徐小鹏等．电子技能与训练．北京：人民邮电出版社，2008.
[13] 杜中一，张欣等．SMT 表面组装技术．北京：电子工业出版社，2009.
[14] 李敬伟，段维莲等．电子工艺训练教程．北京：电子工业出版社，2008.
[15] 王成安．电子产品生产工艺与生产管理．北京：人民邮电出版社，2010.
[16] 郑惠群．电子产品生产工艺与管理实训．浙江：浙江科技出版社，2012.
[17] 王成安，马宏骞．电子产品整机装配实训．北京：人民邮电出版社，2010.
[18] 朱向阳，罗伟等．电子整机装配工艺实训．北京：电子工业出版社，2007.
[19] 韩雪涛，韩广兴等．电子产品组装技能演练．北京：电子工业出版社，2009.
[20] 万少华，陈卉等．电子产品结构与工艺．北京：北京邮电大学出版社，2008.
[21] 廖芳，贾洪波等．电子产品生产工艺与管理．北京：电子工业出版社，2007.
[22] 王成安，王洪庆等．电子元器件检测与识别．北京：人民邮电出版社，2009.
[23] 邵玫．电子产品生产工艺与管理．北京：中国人民大学出版社，2013.
[24] 王一萍．电子产品生产工艺与管理．北京：机械工业出版社，2014.
[25] 叶莎．电子产品生产工艺与管理项目教程（第 2 版）．北京：电子工业出版社，2015.